看视频学做菜

李光健◎编著

吉林科学技术出版社

李光健

中国注册烹饪大师，国际烹饪艺术大师，国家一级评委，国际餐饮专家评委，国家职业技能竞赛裁判员，国家中式烹调高级技师，国家公共高级营养师高级技师，国际餐饮协会（IFBA）专家评委，中国烹饪协会理事，名厨委员会委员。获第六届全国烹饪技能大赛团体金奖、个人金奖，第三届全国技能创新大赛特金奖，首届国际中青年争霸赛金奖，第26届中国厨师节"中国名厨新锐奖"，2015年年度中国最受瞩目的"青年烹饪艺术家"，2014年中国青年烹饪艺术家。第七届全国烹饪技能大赛评委，2017年央视《回家吃饭》栏目组特邀嘉宾。出版《家常菜 烘焙 主食 饮品大全》《超简单米饭面条》《美味家常炒菜》《中国名厨技艺博览》《青年烹饪艺术家作品集》《国际名厨宝典》等书。

DIET SCIENCE

饮食科学

家常菜　　我们是认真的

CONTENTS
目录

Part 1
猪牛羊肉

121 蚝油杏鲍菇

122 干煸腊肉杏鲍菇

123 杏鲍菇炒甜玉米

124 银耳雪梨羹

125 甜木耳炒山药

Part 3
禽蛋豆品

128 参须枸杞炖老鸡

129 豉椒泡菜白切鸡

130 口水鸡

131 红果鸡

132 烧鸡公

133 香茶三杯鸡

134 左宗棠鸡

135 农家小炒鸡

136 香辣滑鸡煲

137 回锅鸡

138 椰香咖喱鸡

139 鸡火煮干丝

140 胡萝卜爆三样

141 栗子焖鸡

142 酸辣鸡丁

143 彩椒炒鸡丁

144 豉椒香干炒鸡片

145 爆锤桃仁鸡片

146 辣子鸡里蹦

147 黄油灌汤鸡肉丸

148 三汁焖鸡翅

149 泡菜焖鸡翅

150 醪糟腐乳翅

151 茶卤鸡翅

152 山药煲鸡脚

153 孜然鸡心

154 剁椒炒鸡胗

155 鸡胗爆菜花

156 腐乳烧鸭

157 啤酒鸭

158 三香爆鸭肉

159 梅干菜烧鸭腿

160 五香酥鸭腿

161 杭州酱鸭腿

162 巧拌鸭胗

163 京酱鸡蛋

164 鱼香蒸蛋

165 辣豆豉炒荷包蛋

166 黄瓜胡萝卜煎蛋饼

167 百叶结虎皮蛋

168 煎酿豆腐

169 剁椒百花豆腐

170 培根回锅豆腐

171 五彩豆腐羹

172 蚝油豆腐

173 蛋黄豆腐

174 五花肉炖豆腐

175 麻婆豆腐鱼

176 鸡刨豆腐酸豆角

177 家常焖冻豆腐

9

178 素烧鸡卷

179 烟熏素鹅

180 豆皮苦苣卷

181 尖椒干豆腐

Part 4
鱼虾蟹贝

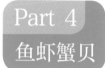
184 家常水煮鱼

185 羊汤酸菜番茄鱼

186 葱油香菌鱼片

187 宋嫂鱼羹

188 辉煌珊瑚鱼

189 锅包鱼片

190 苦瓜鲈鱼汤

191 柠香脆皮鱼

192 油渣蒜黄蒸鲈鱼

193 醋酥鲤鱼

194 五柳糖醋鱼

195 避风塘带鱼

196 糖醋带鱼

197 松子焖黄鱼

198 剁椒黄鱼

199 川芎白芷炖鱼头

200 胖头鱼氽丸子

201 龙池荷包鲫鱼

202 鲫鱼冬瓜汤

203 香炸鳕鱼块

204 麻辣鳕鱼

205 茄汁鲭鱼

206 酥醉小平鱼

235 花蚬子炖茄子

236 辣炒蛏子

237 美味炒蛏子

238 香辣鱿鱼

239 香芹炒鱿鱼

Part 5
米面杂粮

242 红烧牛肉面

243 翡翠凉面拌菜心

244 韩式拌意面

245 海鲜伊府面

246 小炖肉茄子卤面

247 两面黄盖浇面

248 冷面

249 重庆小面

250 油泼面

251 武汉热干面

252 番茄麻辣凉面

253 翡翠拨鱼

254 时蔬饭团

255 羊排手抓饭

256 咖喱牛肉饭

257 台式卤肉饭

258 鱿鱼饭筒

259 四喜饭卷

260 香菇卤肉饭

261 梅菜肉末炒饭

262 蛋羹泡饭

263 杂粮羊肉抓饭

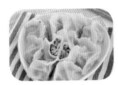

Part 1
猪牛羊肉

陈年普洱烧腩肉

原料 调料

带皮五花肉750克, 普洱茶25克

葱段25克, 姜片15克, 老抽4小匙, 冰糖1大匙, 精盐2小匙, 水淀粉少许, 植物油适量

制作

1. 带皮五花肉切成大块, 放入清水锅内焯烫一下, 捞出, 刮净绒毛, 涂抹上老抽, 放入油锅内炸至上色, 捞出、沥油。

2. 锅内加上植物油烧热, 下入冰糖和少许清水熬煮片刻, 再加入葱段、姜片、普洱茶、五花肉块和精盐, 倒入高压锅内。

3. 用中火压15分钟至熟香, 离火, 捞出五花肉块, 盛放在容器内; 把锅内汤汁烧沸, 用水淀粉勾芡, 淋在五花肉块上即成。

蟹粉狮子头

原料 调料

猪肉末400克，大闸蟹2只，油菜心75克，荸荠50克，鸡蛋1个

葱末10克，姜末15克，精盐2小匙，胡椒粉1小匙，料酒1大匙

制作

1　荸荠去皮，拍成碎粒；大闸蟹洗净，放入蒸锅中蒸至熟，取出、凉凉，剥取蟹肉。

2　猪肉末放入容器中，磕入鸡蛋，加入葱末、姜末、料酒、精盐、胡椒粉搅匀，再放入蟹肉荸荠碎搅拌均匀至上劲，团成直径8厘米大小的丸子生坯。

3　净锅置火上，加入清水烧煮至沸，慢慢放入丸子生坯，沸后撇去表面浮沫，转小火炖约2小时，放入油菜心稍煮，出锅盛入汤碗中即可。

茭白回锅肉

原料　调料

五花肉250克，茭白125克，水发木耳50克，泰椒、青椒各30克

葱段、姜片、蒜片各5克，豆瓣酱、老干妈豆豉各1大匙，酱油、料酒、老抽各2小匙，白糖、鸡精各1小匙，水淀粉、红油、植物油各适量

制作

1　五花肉切成薄片，放入烧热的油锅内煸炒至熟嫩，捞出；茭白去皮，切成滚刀块；水发木耳去蒂，撕成小块；泰椒、青椒去蒂、去籽，洗净，切成菱形小块。

2　净锅置火上，加入植物油烧热，放入葱段、姜片、蒜片爆香，加入豆瓣酱、老干妈豆豉、酱油、料酒炒匀，下入茭白块、木耳块、泰椒块、青椒块翻炒一下。

3　下入熟五花肉片炒匀，加入少许清水、白糖、鸡精、老抽烧沸，用水淀粉勾芡，淋上红油翻炒均匀即可。

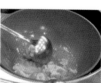

氽白肉

原料　调料

带皮五花肉………400克

酸菜……………150克

水发粉丝…………25克

香葱花……………15克

咸香菜……………10克

精盐………………1小匙

胡椒粉……………1/2小匙

制作

1 带皮五花肉刷洗干净，放入沸水锅内焯烫一下，捞出，再放入清水锅内煮至熟，捞出五花肉块，先切成两半，再用锯刀法将五花肉块切成大片。

2 酸菜洗净，攥干，切成丝，放入煮五花肉的原汤内稍煮，再下入五花肉片，加入精盐、胡椒粉煮沸。

3 咸香菜切成小段，与水发粉丝一起下入原汤锅内煮3分钟，撒上香葱花，出锅装碗即可。

海带结红烧肉

原料　调料

猪五花肉…………400克

海带结……………200克

葱段、姜片………各10克

蒜瓣………………15克

陈皮、桂皮………各3克

八角、花椒………各少许

精盐、白糖………各2小匙

味精………………1小匙

料酒、植物油……各1大匙

制作

1. 猪五花肉洗净，切成小块；海带结浸洗干净；蒜瓣去皮，洗净。

2. 锅中加上植物油烧热，下入白糖炒成糖色，烹入料酒，放入五花肉块翻炒均匀至上色，取出。

3. 锅中加上植物油烧热，下入蒜瓣、葱段、姜片炝锅，加入八角、桂皮、花椒、陈皮及适量清水煮沸。

4. 放入海带结、五花肉块烧沸，转小火烧40分钟至五花肉熟烂，加上精盐、味精调好口味即成。

蒜香肉丁

原料 调料

猪里脊肉300克，净蒜瓣、青椒丁各50克，红椒丁30克

葱花、姜片各10克，精盐、胡椒粉各1小匙，料酒、白糖各1大匙，海鲜酱油2大匙，辣椒粉、鸡精、五香粉、孜然各少许，香油、植物油各适量

制作

1. 猪里脊肉切成丁，加入料酒、海鲜酱油、胡椒粉、五香粉抓匀，放入烧热的油锅内滑散至熟，捞出；油锅内再放入净蒜瓣炸至上色，捞出。

2. 锅内留少许底油，复置火上烧热，下入葱花、姜片、青椒丁、红椒丁、里脊肉丁、蒜瓣翻炒均匀。

3. 加入辣椒粉、精盐、白糖、鸡精和孜然炒匀，淋上香油，出锅装盘即可。

香辣肉丝

原料　调料

猪里脊肉200克，青椒、红椒各50克，香菜25克，鸡蛋1个

干红辣椒丝、葱丝、姜丝、蒜片各5克，精盐1小匙，胡椒粉、鸡精各少许，酱油、老抽、水淀粉、白糖各2小匙，香油、植物油各适量

制作

1. 青椒、红椒洗净，均切成细丝；香菜切成段；猪里脊肉切成丝，磕入鸡蛋，加上精盐、酱油、胡椒粉、香油、水淀粉抓匀，放入油锅内滑散至熟，捞出。

2. 取小碗，加入少许精盐、白糖、鸡精、老抽、胡椒粉、香油、水淀粉调匀成芡汁。

3. 锅置火上，加上少许植物油烧热，下入葱丝、姜丝、蒜片炝锅，放入干红辣椒丝、青椒丝、红椒丝、香菜段和猪肉丝略炒，烹入芡汁翻炒均匀，出锅装盘即可。

日式照烧丸子

原料 调料

猪肉末300克，鸡蛋1个，熟芝麻15克

葱末、姜末各10克，精盐、味精各少许，胡椒粉、面粉、淀粉各1小匙，蚝油2小匙，白兰地酒1/2小匙，酱油、蜂蜜、植物油各适量

制作

1 将猪肉末放入容器内，磕入鸡蛋，加入胡椒粉、葱末、姜末和精盐搅拌均匀，再加上淀粉、面粉拌匀，制成丸子生坯。

2 小碗内加入酱油、蜂蜜、白兰地酒、味精、蚝油调拌均匀成照烧酱汁。

3 锅中加入植物油烧热，放入丸子生坯炸约5分钟至熟香，捞出、沥油，码放在盘中，浇上调拌好的照烧酱汁，撒上熟芝麻即可。

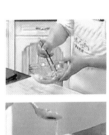

香干回锅肉

原料 调料

五花肉400克，香干50克，青椒、红椒各25克，青蒜段15克

葱段、姜片各10克，豆瓣酱1大匙，甜面酱、白糖各1小匙，料酒2小匙，味精少许，植物油2大匙

制作

1. 五花肉刮净绒毛，洗净，切成大块，放入清水锅内煮约20分钟至熟，捞出、凉凉，切成大片；青椒、红椒去蒂，洗净，切成小条；香干切成片。

2. 净锅置火上，加上植物油烧热，放入葱段、姜片炒香，加上豆瓣酱、熟五花肉片和香干片翻炒均匀。

3. 烹入料酒，加上甜面酱、白糖、青椒条、红椒条、青蒜段和味精炒至入味，出锅装盘即可。

土豆泡菜五花肉

原料 调料

猪五花肉200克，土豆、辣白菜各80克，青椒、红椒、洋葱各30克，熟芝麻少许

干辣椒5克，花椒2克，精盐、白糖、味精各1小匙，料酒、酱油各2小匙，香油少许，植物油适量

制作

1 将猪五花肉放入清水锅中煮至熟，捞出、凉凉，切成片；土豆去皮，切成厚片；辣白菜切成大片；青椒、红椒、洋葱分别洗净，切成小块。

2 净锅置火上，加上植物油烧热，放入花椒、干辣椒炒香，放入洋葱块、辣白菜片略炒，倒入土豆片、猪五花肉片，烹入料酒炒匀。

3 加入青椒块、红椒块，放入精盐、酱油、白糖、味精调好口味，撒上熟芝麻，淋上香油，出锅装盘即可。

金沙蒜香骨

原料 调料

猪排骨750克, 蒜瓣、菠萝片各100克, 芹菜丁30克

红辣椒、八角各1个, 精盐2小匙, 淀粉、面粉各3大匙, 五香粉1小匙, 植物油适量

制作

1 蒜瓣去皮、剁成蓉, 放在碗内, 加入清水调匀; 猪排骨剁成大块; 淀粉、面粉、少许植物油和适量清水调匀成淀粉面糊。

2 排骨块、菠萝片加入精盐、五香粉和泡蒜蓉的水腌渍, 挑出排骨块, 放入淀粉面糊中搅匀, 倒入油锅内炸至熟, 取出。

3 蒜蓉、八角放入油锅内炸出香味, 出锅, 放入碗内, 加入精盐、芹菜丁、红辣椒和熟排骨块拌匀即成。

双莲焖排骨

原料 调料

猪排骨500克，莲藕250克，水发莲子100克，山楂片15克

蒜瓣25克，精盐、香油各1小匙，番茄酱1大匙，料酒、酱油各2小匙，白糖、植物油各2大匙

制作

1 猪排骨剁成大小均匀的块，放入沸水锅中焯烫一下，捞出、沥水；莲藕削去外皮，切成厚片，放入容器中，加入清水和少许精盐，腌泡5分钟，捞出。

2 净锅置火上，加入植物油烧热，下入蒜瓣稍炒，放入排骨块和白糖煸炒至上色，加入山楂片、番茄酱、酱油、精盐、料酒及适量清水烧沸。

3 放入莲藕片和水发莲子，盖上锅盖，转中火烧焖25分钟，用旺火收浓汤汁，淋上香油，出锅上桌即成。

菠萝生炒排骨

原料 调料

猪排骨400克，净菠萝100克，红椒25克，鸡蛋1个

葱花、姜片、蒜片各10克，精盐1小匙，白糖2大匙，胡椒粉、生抽各少许，水淀粉2小匙，番茄酱、淀粉、浓缩橙汁、植物油各适量

制作

1. 净菠萝、红椒分别切成块；猪排骨剁成块，放入容器内，磕入鸡蛋，加上精盐、胡椒粉、生抽和淀粉拌匀，腌渍片刻，再将排骨块表面粘上一层淀粉。

2. 锅内加入植物油烧热，下入排骨块炸至近熟，捞出；待油温升高后，再放入排骨块复炸一下，捞出。

3. 锅中留底油，复置火上烧热，下入番茄酱、清水、白糖、精盐、浓缩橙汁烧沸，放入葱花、姜片、蒜片、红椒块、排骨块、菠萝块炒匀，用水淀粉勾芡即可。

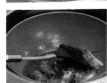

话梅排骨

原料　调料

猪排骨……………500克

话梅………………50克

葱段、姜块………各15克

番茄酱……………2大匙

白糖………………4小匙

精盐、米醋………各少许

植物油……………适量

制作

1　猪排骨剁成块，洗净，用厨房用纸吸净排骨块表面水分，放入烧至六成热的油锅内炸至变色，再转小火浸炸几分钟，捞出、沥油。

2　锅内留少许底油，复置火上烧热，下入葱段、姜块炝锅出香味，下入番茄酱略炒，加入白糖、清水煮至沸，放入排骨块和话梅烧焖至熟香。

3　加入精盐，用旺火收浓汤汁，去掉葱、姜等配料，加入米醋翻炒均匀，出锅上桌即可。

29

看视频学做菜

豉汁蒸排骨

原料　调料

猪排骨	400克
豆豉	25克
蒜瓣	15克
香葱花	10克
酱油	1大匙
胡椒粉	1小匙
香油	少许
白糖、淀粉	各2小匙

制作

1　猪排骨洗净血污，擦净表面水分，剁成小块；豆豉剁成碎末；蒜瓣去皮，切成末。

2　把排骨块放在干净容器内，加入豆豉末、蒜末拌匀，再加入胡椒粉、香油、酱油、白糖和淀粉搅拌均匀，腌渍10分钟。

3　将腌渍好的排骨块码放在容器内，放入蒸锅内，用旺火蒸约20分钟至熟，撒上香葱花，直接上桌即可。

小土豆炖排骨

原料 调料

猪排骨500克, 小土豆250克, 香菜结15克

葱段、姜片各15克, 八角、辣椒各5克, 黄酱2大匙, 白糖、酱油各1大匙, 料酒2小匙, 胡椒粉、植物油各少许

制作

1 小土豆去皮; 黄酱放在碗内, 加入料酒、酱油、胡椒粉调匀成黄酱汁; 猪排骨剁成块, 放入沸水锅内焯烫一下, 捞出。

2 锅置火上, 加入植物油烧热, 加入白糖和少许清水炒至变色, 放入排骨块炒至上色, 加入葱段、姜片、辣椒和八角炒匀。

3 倒入黄酱汁和适量清水, 放入小土豆和香菜结, 盖上锅盖, 用旺火烧沸, 转中小火炖约40分钟至熟嫩, 出锅上桌即可。

双冬烧排骨

原料 调料

猪排骨500克, 冬笋100克, 冬菇25克, 红枣15克, 小红尖椒少许

葱丝、蒜瓣各10克, 姜片15克, 精盐、白糖各2小匙, 味精少许, 啤酒750克, 植物油适量

制作

1. 冬笋洗净, 放入沸水锅内略焯, 捞出、沥水, 切成小块; 冬菇用温水涨发, 切成块; 猪排骨洗净, 剁成小块, 放入热油锅内冲炸一下, 捞出、沥油。

2. 锅内留底油烧热, 加入白糖炒至溶化, 放入冬笋块、冬菇块和排骨块炒至上色, 加上葱丝、蒜瓣、姜片、啤酒和红枣, 用旺火烧沸。

3. 用中火烧焖30分钟, 加入精盐、味精、小红尖椒调匀, 转旺火烧20分钟至熟香, 出锅上桌即可。

黄豆笋衣炖排骨

原料 调料

猪排骨500克, 笋衣250克, 黄豆100克

葱段、姜片各10克, 陈皮、桂皮、八角各3克, 精盐、酱油各1/2大匙, 白糖2大匙, 味精1小匙, 啤酒、植物油各适量

制作

1 猪排骨剁成块, 放入热油锅中炒干水分, 取出; 黄豆用清水浸泡至涨发, 再换清水洗净; 笋衣洗净, 切成小段, 放入热油锅中炒干水分, 出锅。

2 锅中留少许植物油烧热, 加入白糖、清水炒至呈暗红色, 再加入啤酒、酱油和适量清水烧沸。

3 放入排骨块、笋衣、黄豆、桂皮、八角、陈皮、葱段、姜片, 盖上锅盖, 转小火炖40分钟, 加入精盐和味精, 转旺火收浓汤汁, 出锅装盘即可。

培根豆沙卷

原料　调料

培根200克,豆沙馅料125克,面粉100克,芝麻50克,鸡蛋2个

苏打粉1/2小匙,芥末、酱油各2小匙,沙拉酱2大匙,植物油适量

制作

1　将培根放在案板上,用刀一分为二,把豆沙馅料挤在培根片的一端,卷起成培根卷。

2　将鸡蛋磕在碗内,加上面粉、苏打粉、少许植物油搅匀成脆皮糊;芥末、酱油、沙拉酱放入小碗中,调匀成酱汁。

3　锅置火上,加入植物油烧至六成热,将培根卷先粘上一层脆皮糊,再裹匀芝麻,放入油锅内炸至熟透,捞出、沥油,放在盘内,与酱汁一同上桌蘸食即可。

小炒腊肉

原料 调料

腊肉·················250克
西蓝花·················75克
香菇·················50克
胡萝卜、韭菜······各30克
精盐、白糖·······各少许
植物油·················适量

制作

1 腊肉刷洗干净，切成大片；香菇洗净，去掉菌蒂，片成片；西蓝花去根，洗净，掰取小花瓣；韭菜择洗干净，切成小段；胡萝卜去皮，洗净，切成小条。

2 净锅置火上，加入植物油烧至五成热，下入腊肉片煸炒出香味。

3 依次放入香菇片、胡萝卜条、西蓝花片翻炒一下，加入白糖、精盐、少许清水和韭菜段炒匀即可。

肉皮炒黄豆

原料　调料

猪肉皮400克，水发黄豆100克，胡萝卜、青椒、洋葱各25克

葱段、香葱花各10克，蒜片、树椒段各5克，精盐、老抽各1小匙，白糖、水淀粉各2小匙，香油、植物油各适量

制作

1　猪肉皮洗净，放入清水锅内煮至熟，捞出、过凉，片去白色油脂，切成丁；青椒、胡萝卜、洋葱分别洗净，切成丁。

2　净锅置火上，加入植物油烧热，放入树椒段、葱段、蒜片炝锅，放入熟肉皮丁、水发黄豆、胡萝卜丁和洋葱丁略炒。

3　加入老抽、清水、精盐、白糖炒匀，用水淀粉勾薄芡，放入青椒丁、香葱花，淋上香油，出锅装盘即可。

香干炒肉皮

原料　调料

猪肉皮200克, 香干75克, 洋葱、油菜心各50克, 水芹、红辣椒各少许

姜末5克, 精盐、胡椒粉各1小匙, 白糖1/2小匙, 蚝油、酱油各2小匙, 料酒1大匙, 植物油2大匙

制作

1. 猪肉皮放入清水锅中煮至熟, 捞出、过凉, 切成细条; 香干切成小条; 洋葱去皮, 切成丝; 红辣椒去蒂及籽, 洗净, 切成细丝; 水芹择洗干净, 切成段。

2. 锅置火上, 加上植物油烧至六成热, 下入姜末爆炒出香味, 放入洋葱丝、水芹段、香干条翻炒均匀。

3. 烹入料酒, 加入白糖、精盐、胡椒粉、蚝油、酱油、熟肉皮条和少许清水略炒, 放入油菜心和红辣椒丝翻炒均匀, 出锅装盘即可。

爆炒月牙骨

原料 调料

月牙骨400克,青椒、红椒各50克

葱花、蒜片各10克,精盐、白糖各1小匙,胡椒粉、五香粉、香油各少许,料酒、老抽各1大匙,植物油适量

制作

1 月牙骨洗净,切成长条,加入少许精盐、白糖、料酒、胡椒粉、香油和老抽抓匀;青椒、红椒去蒂,洗净,切成细条。

2 净锅置火上,加入植物油烧至五成热,下入月牙骨炸至呈黄色,捞出、沥油。

3 锅中留少许底油,复置火上烧热,下入葱花、蒜片炒香,放入青椒条、红椒条、月牙骨略炒,加入精盐、白糖、五香粉翻炒均匀,淋上香油,出锅装盘即成。

麻辣筋皮子

原料 调料

筋皮子500克,香菜段25克,青椒丁、红椒丁各少许

葱段、姜块各15克,蒜瓣、干树椒段各5克,精盐、辣椒粉各1小匙,孜然、鸡精各少许,料酒、白糖各1大匙,植物油适量

制作

1 筋皮子清洗干净,放入沸水锅内焯烫一下,捞出,放入高压锅内,加入清水、葱段、姜块和料酒,压约25分钟至熟嫩,捞出、沥水,切成小块。

2 锅置火上,加入植物油烧热,下入蒜瓣炒至变软,放入葱段、姜块、青椒丁、红椒丁、干树椒段炒香。

3 加入辣椒粉、精盐、鸡精、白糖,放入熟筋皮子块、孜然翻炒均匀,撒上香菜段,出锅装盘即可。

酱爆猪肝

原料　调料

猪肝300克，红椒丝15克，鸡蛋清1个，香菜段少许

葱丝、姜末各10克，精盐、白糖各2小匙，料酒、甜面酱各2大匙，酱油、淀粉各1大匙，胡椒粉、味精各少许，香油、植物油各适量

制作

1. 猪肝切成大片，加上淀粉、料酒、胡椒粉、鸡蛋清搅匀、上浆，放入热油锅中冲炸一下，捞出、沥油。

2. 将葱丝、姜末、甜面酱、酱油、胡椒粉、料酒、白糖放在小碗内搅匀成酱汁。

3. 净锅置火上，加上少许植物油烧热，倒入酱汁，加入精盐、味精烧沸，放入猪肝片炒匀，淋上香油，撒上红椒丝和香菜段即可。

茶树菇炒猪肝

原料 调料

猪肝250克, 鲜茶树菇150克, 青椒块、红椒块各50克, 净糖蒜25克

精盐2小匙, 米醋、酱油各1大匙, 淀粉2大匙, 味精、胡椒粉、水淀粉各少许, 香油、植物油各适量

制作

1. 猪肝切成片, 加入少许精盐、淀粉、植物油拌匀; 鲜茶树菇洗净, 切成小段, 放入热锅中煸炒至干香, 出锅。

2. 净糖蒜加入精盐、米醋、酱油、胡椒粉、味精、水淀粉拌匀成味汁。

3. 锅中加入清水、植物油、米醋、精盐烧沸, 放入猪肝片烫2分钟, 捞出、沥水。

4. 锅中加上植物油烧热, 下入青椒块、红椒块、猪肝片、茶树菇稍炒, 烹入味汁炒匀, 淋上香油, 出锅装盘即可。

杏鲍菇扒口条

原料 调料

猪口条1个，杏鲍菇200克，净油菜心100克

五香料1份（葱段、姜片各10克，桂皮、陈皮各3克，八角2个），精盐、胡椒粉各1小匙，酱油1大匙，白糖2小匙，料酒、水淀粉各2大匙，植物油适量

制作

1 猪口条刮净表面舌苔，用清水洗净；杏鲍菇用淡盐水浸泡并洗净。

2 锅中加上五香料、酱油、料酒、胡椒粉、白糖和清水煮沸，出锅倒入高压锅内，加入杏鲍菇、猪口条后压10分钟，捞出猪口条和杏鲍菇，均切成大片。

3 锅内加上植物油烧热，放入杏鲍菇、猪口条片和净油菜心，氽入炖口条的原汤，加入精盐、胡椒粉、酱油、白糖烧焖几分钟，用水淀粉勾芡即可。

皮肚烧双冬

原料 调料

水发皮肚200克, 豆腐150克, 水发香菇、冬笋、小蘑菇各50克

葱段、姜片各5克, 精盐、味精各1小匙, 白糖、老抽各1大匙, 香油、胡椒粉各少许, 料酒2小匙, 水淀粉、植物油各适量

制作

1 水发皮肚洗净, 切成菱形块; 水发香菇洗净, 切成片; 冬笋洗净, 切成片; 豆腐切成块, 放入热油锅内炸上颜色, 捞出、沥油。

2 锅内留少许底油烧热, 下入葱段、姜片炒香, 再放入皮肚块、香菇片、冬笋片、小蘑菇炒匀, 加入料酒、白糖、老抽、精盐和清水烧沸。

3 放入豆腐块烧5分钟, 加入味精、胡椒粉, 用水淀粉勾芡, 淋上香油, 出锅装盘即可。

腊八蒜烧猪手

原料　调料

猪蹄（猪手）1000克

腊八蒜50克，葱段、姜片各25克，八角3个，精盐少许，白糖、胡椒粉各1小匙，酱油2大匙，料酒1大匙，植物油2小匙

制作

1. 猪蹄刷洗干净，剁成两半，放入沸水锅内略焯，捞出，放入净锅内，加入葱段、姜片、八角及适量清水，用小火炖1小时至熟，捞出猪蹄。

2. 净锅置火上，加上植物油烧热，放入猪蹄、料酒、酱油炒至猪蹄上色，再加入白糖、胡椒粉和精盐，滗入炖猪蹄的汤汁烧沸，转小火烧约20分钟。

3. 改用旺火收浓汤汁，放入腊八蒜翻炒均匀，出锅倒入砂煲内，置于火上烧沸，离火上桌即成。

虫草花龙骨汤

原料　调料

猪排骨500克, 甜玉米50克, 芡实20克, 枸杞子10克, 虫草花5克

葱段15克, 姜片25克, 精盐2小匙, 味精1小匙

制作

1. 甜玉米取净玉米粒; 虫草花洗涤整理干净, 切成小段; 芡实择洗干净; 枸杞子洗净, 用清水浸泡。

2. 猪排骨放入清水中浸洗干净, 剁成小块, 放入沸水锅内焯烫一下, 捞出、沥水。

3. 取电紫砂锅, 放入葱段、姜片、猪排骨块、甜玉米粒、芡实、虫草花和枸杞子, 加入精盐、味精及适量清水, 盖上盖, 按下养生键炖煮至熟, 出锅装碗即可。

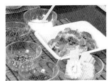

茶香牛柳

原料 调料

牛里脊肉400克, 青椒条、红椒条、洋葱条各25克, 鸡蛋1个, 乌龙茶10克, 芝麻少许

精盐、白糖各少许, 蚝油、料酒各2小匙, 酱油、番茄沙司各1大匙, 黑胡椒1小匙, 淀粉、植物油各适量

制作

1 乌龙茶用沸水浸泡成茶水; 牛里脊肉切成条, 加入料酒、黑胡椒、酱油、鸡蛋、淀粉拌匀, 放入油锅内炸至熟嫩, 捞出。

2 锅中加上植物油烧热, 放入攥干的乌龙茶炸香, 捞出乌龙茶, 加入精盐、芝麻拌匀, 放在盘中垫底。

3 锅中留底油烧热, 加入洋葱条、牛肉条、青椒条、红椒条、蚝油、白糖、番茄沙司炒匀出锅, 放入盛有乌龙茶的盘内即可。

46

苦瓜炒牛肉

原料　调料

牛肉200克, 苦瓜125克, 萝卜条50克, 鸡蛋2个

姜末15克、精盐、米醋各2小匙, 胡椒粉、味精各1小匙, 白糖、豆豉各1大匙, 料酒、水淀粉各少许, 牛奶、香油、植物油各适量

制作

1　苦瓜去蒂及籽, 切成片, 放入沸水锅内略焯, 捞出、沥水; 牛肉洗净, 切成片, 放入碗中, 加入胡椒粉、米醋、水淀粉及少许清水拌匀、上浆。

2　姜末放入小碗中, 加入精盐、白糖、米醋、味精、香油及少许清水调匀成味汁; 鸡蛋磕入碗中, 加入少许精盐、料酒、牛奶搅拌均匀。

3　锅中加入植物油烧热, 放入牛肉片炒至变色, 再加入豆豉, 倒入鸡蛋液炒至定浆, 然后放入苦瓜片和萝卜条, 倒入调好的味汁翻炒均匀, 出锅装盘即可。

干煸牛肉丝

原料　调料

牛里脊肉400克，芹菜、蒜薹各100克，红椒丝少许

姜丝10克，精盐、白糖各1/2小匙，花椒粉、酱油各1小匙，豆瓣酱3大匙，料酒2小匙，辣椒粉少许，植物油2大匙

制作

1. 牛里脊肉洗净，切成丝；蒜薹、芹菜分别择洗干净，均切成小段。

2. 锅置火上，加入植物油烧至七成热，下入牛肉丝煸炒至干香，分两次烹入料酒，再加入豆瓣酱、姜丝略炒一下。

3. 放入蒜薹段和芹菜段炒匀，加入酱油、白糖、精盐和料酒，放入红椒丝炒至入味，撒入花椒粉、辣椒粉翻炒均匀，出锅装盘即可。

粉蒸牛肉

原料 调料

牛腩肉…………………400克
干米饭粒………………200克
蒜苗段…………………25克
葱段、姜片、陈皮、桂皮、
八角、花椒………各少许
味精、白糖………各1小匙
酱油………………3大匙
蚝油、黄酱………各2小匙
料酒、豆瓣酱……各适量
香油………………1大匙

制作

1 牛腩肉切成小块，焯水后放入高压锅内，加入桂皮、葱段、姜片、陈皮、八角、酱油、蚝油、黄酱、豆瓣酱、白糖、料酒、味精和清水压10分钟至七分熟，出锅、装碗。

2 把干米饭粒放入热锅中翻炒一下，再放入少许陈皮、桂皮、花椒、八角炒至焦黄，出锅、凉凉成米粉。

3 将米粉倒入牛肉碗中，加入香油拌匀，放入蒸锅中蒸约30分钟，关火后，撒上蒜苗段即可。

草菇滑炒牛肉

原料 调料

牛肉250克，草菇125克，青椒、红椒各50克，鸡蛋清1个

葱花、姜片、蒜片各5克，精盐、胡椒粉各1小匙，淀粉、水淀粉各1大匙，白糖、蚝油各2小匙，香油、植物油各适量

制作

1 草菇洗净，从中间切开，下入沸水锅内焯水，捞出；牛肉切成片，加入精盐、白糖、香油、胡椒粉、鸡蛋清和淀粉抓匀；青椒、红椒去蒂，洗净，切成菱形块。

2 净锅置火上，加入植物油烧至五成热，下入牛肉片炒至变色，再下入青椒块、红椒块、葱花、姜片、蒜片炒匀。

3 下入草菇块，加入蚝油和少许清水炒匀，用水淀粉勾芡，出锅装盘即可。

50

孜然牛肉

原料 调料

牛肉300克, 洋葱50克, 青椒、红椒各25克

蒜片、姜片各5克, 孜然、料酒、海鲜酱油各2小匙, 蚝油、白胡椒各1小匙, 辣椒粉、鸡精各少许, 水淀粉、甜面酱、白糖、植物油各适量

制作

1 牛肉切成大片, 加入料酒、海鲜酱油、蚝油、白胡椒、水淀粉和植物油拌匀; 青椒、红椒、洋葱分别洗净, 切成小块。

2 净锅置火上, 加入植物油烧热, 下入牛肉片、蒜片翻炒一下, 笪出锅内多余油脂。

3 放入洋葱块、青椒块、红椒块和姜片, 加入甜面酱、孜然、辣椒粉、鸡精和白糖, 用旺火翻炒均匀, 出锅装盘即成。

爆肚

原料 调料

毛肚400克, 香菜25克

腐乳1小块, 葱丝15克, 蒜瓣10克, 芝麻酱2大匙, 酱油1大匙, 辣椒油2小匙, 香油1小匙, 米醋少许

制作

1. 毛肚用清水漂洗干净, 沥净水分, 切成细丝; 香菜去根, 洗净, 切成小段; 蒜瓣去皮, 剁成末。

2. 碗中加入腐乳块碾碎, 放入芝麻酱、酱油和少许清水搅匀, 加入辣椒油、香油、米醋搅拌均匀成酱汁。

3. 净锅置火上, 加入适量清水烧沸, 关火, 倒入毛肚丝烫约5秒钟, 捞出, 码放在盘内, 撒上蒜末、香菜段、葱丝, 食用时淋上调好的酱汁即可。

炝拌牛百叶

原料 调料

牛百叶400克，红椒、香菜各25克，芝麻、树椒各10克

蒜末25克，精盐、鸡精各1小匙，芥末油1/2小匙，辣椒油少许，海鲜酱油2小匙，米醋适量，植物油1大匙

制作

1 红椒洗净，切成细丝（或椒圈）；香菜去根和老叶，切成小段；树椒切成小段；牛百叶切成长条，放入沸水锅内焯烫一下，捞出，换清水冲凉，攥干水分。

2 净锅置火上，加入植物油烧热，关火，下入树椒段炒出香辣味，出锅。

3 把红椒、香菜段、蒜末、树椒段放在容器内，加入芥末油、辣椒油、海鲜酱油拌匀，再加上牛百叶条、精盐、鸡精、米醋、芝麻搅拌均匀，装盘上桌即可。

番茄牛尾汤

原料 调料

牛尾400克，西红柿（番茄）100克，西芹、洋葱块各50克

料酒、番茄酱各1大匙，黄油2大匙，红酒2小匙，鸡精1/2小匙，精盐、白胡椒粉各1小匙，面粉少许

制作

1 西芹切成小段；西红柿去蒂，去皮，切成小块；牛尾洗净，剁成小块，放入沸水锅内，加入料酒焯烫一下，撇去浮沫，捞出牛尾块。

2 锅置火上，加入黄油、洋葱块、西芹段翻炒一下，放入牛尾块、红酒、鸡精、精盐、番茄酱和适量清水煮至沸，出锅倒入高压锅中压40分钟，取出牛尾和原汤。

3 净锅置火上烧热，加入黄油、面粉炒至黏稠，放入西红柿块、牛尾块和原汤，再加入番茄酱、精盐、鸡精、白胡椒粉，用中火熬煮至浓稠，出锅装碗即可。

牛骨黄豆汤

原料 调料

牛脊骨500克, 水发黄豆150克, 枸杞子10克

大葱25克, 姜块15克, 料酒2大匙, 精盐1小匙, 胡椒粉少许

制作

1. 牛脊骨洗净血污, 剁成大块, 放入清水锅内焯烫几分钟, 捞出, 换清水冲净; 大葱去根和老叶, 洗净, 拍散; 姜块洗净, 切成大片。

2. 把大葱、姜片放入高压锅内, 加入清水、料酒、水发黄豆和牛脊骨块, 盖上高压锅盖。

3. 高压锅置火上, 中火压40分钟至熟香, 离火, 加入精盐、胡椒粉调好口味, 撒上枸杞子, 出锅上桌即可。

红焖羊肉

原料 调料

羊腩肉400克，胡萝卜100克，土豆75克，香菜15克

八角、桂皮各5克，香叶、干树椒各3克，葱段、姜片各25克，精盐2小匙，老抽4小匙，料酒1大匙，植物油适量

制作

1 羊腩肉洗净，切成大块；胡萝卜去皮，切成滚刀块；土豆去皮，切成小块；香菜洗净，切成小段。

2 锅内加入植物油烧热，下入干树椒、葱段、姜片炝锅，烹入料酒，下入羊腩肉块、胡萝卜块、土豆块、老抽和精盐炒匀。

3 加入清水、八角、桂皮、香叶煮沸，倒入高压锅中压20分钟至熟香，出锅，撒上香菜段，直接上桌即可。

红烧羊肉萝卜

原料　调料

羊肉400克，白萝卜200克，红枣25克，香菜15克

八角、香叶、花椒各5克，大葱、姜块各10克，排骨酱、沙茶酱各2小匙，料酒、白糖各1大匙，海鲜酱油、鸡精各1小匙，老抽、植物油各适量

制作

1　白萝卜去皮，切成块；香菜择洗干净，切成段；羊肉洗净血污，切成块，放入沸水锅内焯烫一下，捞出、沥水。

2　锅内加入植物油烧热，下入大葱、姜块炒香，放入排骨酱、沙茶酱、料酒、海鲜酱油、鸡精、白糖、清水、老抽烧沸。

3　放入羊肉块、白萝卜块、红枣、八角、香叶、花椒调匀，出锅，倒入高压锅中压20分钟至羊肉熟嫩，撒上香菜段即可。

芝麻小羊肉

原料 调料

羊腿肉400克，芹菜50克，红椒、洋葱各30克，芝麻25克

干树椒5克，葱段、姜片各15克，精盐、胡椒粉各1小匙，花椒粉、孜然各少许，蚝油、料酒各1大匙，香油、淀粉、植物油各适量

制作

1　芹菜、红椒、洋葱分别洗净，切成小条；干树椒切成小段；羊腿肉切成条，加入精盐、胡椒粉、花椒粉、蚝油、料酒、葱段、姜片拌匀，腌渍30分钟。

2　将腌渍好的羊肉条加上淀粉拌匀，放入热油锅内炸至色泽金黄、酥香，捞出、沥油。

3　锅内留底油烧热，放入干树椒段、芹菜条、洋葱条、红椒条、孜然、芝麻、羊肉条略炒，加入胡椒粉炒匀至入味，淋入香油，出锅装盘即成。

孜然羊排

原料　调料

羊排400克,青椒丁、红椒丁各40克,芝麻25克

香叶、桂皮、泰椒、八角、花椒各3克,葱段、姜块各15克,料酒1大匙,孜然2小匙,精盐、辣椒粉、鸡精、香油各少许,植物油适量

制作

1　羊排剁成大块,放入清水锅内焯烫一下,捞出,放入高压锅内,加上清水、料酒、葱段、姜块、香叶、桂皮、泰椒、八角、花椒,置火上压10分钟,捞出。

2　用厨房用纸擦净羊排块表面水分,放入烧至五成热的油锅内冲炸一下,捞出,待锅内油温升至七成热时,再倒入羊排块复炸一下,捞出、沥油。

3　锅中放入孜然、芝麻、羊排块、青椒丁、红椒丁略炒,加入精盐、鸡精、辣椒粉炒匀,淋入香油即可。

羊肉炖茄子

原料 调料

羊里脊肉400克, 茄子1个, 洋葱50克, 香菜末少许

蒜汁、精盐各少许, 胡椒粉1/2小匙, 米醋3大匙, 水淀粉4小匙, 香油2小匙, 酱油、料酒、植物油各适量

制作

1. 将茄子削去外皮, 洗净, 切成小块; 洋葱去皮, 洗净, 切成末; 羊里脊肉洗净, 切成大片。

2. 锅置火上, 加入植物油烧热, 下入洋葱末煸炒至变色, 再放入羊肉片煸炒1分钟至软嫩, 放入茄子块炒匀, 烹入料酒, 加入适量清水煮至沸。

3. 转中火炖30分钟, 撇出浮沫, 再用小火炖20分钟, 加入酱油、精盐和胡椒粉, 用水淀粉勾芡, 出锅、装碗, 淋上香油, 带香菜末、蒜汁、米醋上桌即可。

羊肉香菜丸

原料　调料

羊肉末150克，豆泡100克，胡萝卜末75克，净油菜心、香菇粒各50克，香菜末15克，鸡蛋1个

葱末、姜末各10克，葱段、姜片各5克，精盐1/2大匙，胡椒粉、香油各1小匙，料酒、淀粉各1大匙，香油少许，植物油适量

制作

1. 羊肉末放入碗中，磕入鸡蛋，加入胡萝卜末、香菜末、香菇粒搅匀，再加入葱末、姜末、料酒、胡椒粉、精盐、香油和淀粉搅拌至上劲，制成羊肉丸子生坯。

2. 锅置火上，加入植物油烧热，下入葱段、姜片炒香，倒入适量清水烧沸。

3. 放入羊肉丸子生坯和豆泡，用旺火煮5分钟，加入少许胡椒粉、精盐调好口味，放入净油菜心煮2分钟，离火上桌即成。

酸菜羊肉丸子

原料　调料

羊肉末250克,鸭血150克,酸菜100克,水发粉丝25克,鸡蛋1个

葱末、姜末各5克,精盐1/2小匙,料酒2小匙,花椒水2大匙,香油1小匙,植物油1大匙

制作

1　酸菜去掉菜根,切成丝;鸭血切成小块;水发粉丝切成小段;羊肉末放容器内,磕入鸡蛋,加上葱末、姜末、料酒、精盐、香油和花椒水拌匀成馅料,挤成丸子。

2　净锅置火上,加入植物油烧热,加入酸菜丝煸炒出香味,倒入清水煮沸,放入羊肉丸子煮至熟。

3　撇去浮沫和杂质,加入鸭血块、少许精盐炖煮2分钟,出锅倒在砂煲内,放入水发粉丝段,再置火上加热即可。

香煎羊肉豆皮卷

原料　调料

羊肉末300克，豆腐皮1张，洋葱、芹菜各20克，小西红柿、鸡蛋液各少许

孜然、辣椒碎各少许，精盐1小匙，胡椒粉1/2小匙，淀粉2大匙，植物油适量

制作

1 将小西红柿、芹菜、洋葱、鸡蛋液放入粉碎机中搅打成蔬菜泥；羊肉末放入大碗中，倒入蔬菜泥，再加入精盐、胡椒粉、淀粉搅打上劲成羊肉馅料。

2 将豆腐皮切成长方块，撒上少许淀粉，放上羊肉馅抹匀，从一侧卷起成豆皮卷生坯。

3 平底锅置火上，加入植物油烧热，码放上豆皮卷生坯，再淋上少许植物油，煎至两面呈黄色，撒上孜然、辣椒碎稍煎，取出，切成小段，装盘上桌即可。

Part 2
蔬菜菌藻

木耳炒大白菜

原料 调料

大白菜300克，猪五花肉1块（约100克），木耳10克

大葱、姜片各10克，蒜片15克，精盐2小匙，胡椒粉少许，香油1小匙，植物油2大匙

制作

1 大白菜取嫩叶部分，撕成大片；猪五花肉切成大片；木耳用清水涨发，去蒂，撕成小块；大葱洗净，切成小段。

2 净锅置火上，加入植物油烧至五成热，下入五花肉片煸炒至变色，加入葱段、姜片、蒜片和大白菜嫩叶稍炒。

3 放入水发木耳块炒匀，加入精盐、胡椒粉调好口味，淋上香油，出锅装盘即可。

66

渍菜粉

原料　调料

酸菜（渍菜）250克，猪肉100克，粉丝15克

大葱、姜块各15克，蒜片10克，精盐1小匙，鸡精1/2小匙，老抽2小匙，白糖少许，植物油2大匙

制作

1 酸菜去根，切成细丝，放入清水中浸泡几分钟，粉丝用清水涨发，沥水，剪成小段；猪肉切成细丝；大葱去根和老叶，切成丝；姜块去皮，切成丝。

2 净锅置火上，加入植物油烧至六成热，下入猪肉丝煸炒至变色，放入葱丝、姜丝、蒜片炒出香味，放入攥净水分的酸菜丝翻炒片刻。

3 加入老抽、精盐、鸡精、白糖和少许清水炒匀，下入水发粉丝段翻炒均匀，出锅装盘即可。

石锅豉椒娃娃菜

原料 调料

娃娃菜500克，泡辣椒15克，小米辣椒10克

香葱、蒜瓣各10克，老干妈豆豉酱2大匙，海鲜酱油1大匙，花椒粉、鸡精各1小匙，精盐、白糖各2小匙，植物油3大匙

制作

1. 娃娃菜洗净，切成长条，放入热油锅内煸炒出水分，出锅；泡辣椒、小米辣椒洗净，切成小丁；香葱择洗干净，切成段；蒜瓣去皮、拍散。

2. 净锅置火上，加入植物油烧至六成热，放入蒜瓣煸香，加入泡辣椒丁、小米辣椒丁、香葱段、花椒粉、海鲜酱油和老干妈豆豉酱炒出香辣味。

3. 放入娃娃菜，加入精盐、鸡精和白糖翻炒均匀，出锅盛放在烧热的石锅内，直接上桌即可。

火爆大头菜

原料　调料

大头菜……1个(约400克)

水发木耳……………25克

干辣椒………………15克

大葱、姜块………各10克

蒜瓣、花椒………各5克

海鲜酱油…………1大匙

蚝油、米醋………各1小匙

白糖、鸡精………各少许

植物油………………2大匙

制作

1 大头菜剥取菜叶，撕成大块，用清水清洗一下，沥净水分；干辣椒掰成小段；大葱洗净，切成葱花；蒜瓣去皮，切成小片；姜块去皮，洗净，切成片。

2 净锅置火上，加入植物油烧至六成热，下入干辣椒段、葱花、姜片、蒜片炝锅出香辣味。

3 放入大头菜块煸炒片刻，加入水发木耳、花椒、海鲜酱油、蚝油、米醋、白糖、鸡精，用旺火翻炒至入味，出锅装盘即可。

69

虾油粉丝包菜

原料　调料

大头菜250克，水发粉条150克，净虾头100克

葱段、姜片各少许，蒜瓣10克(拍碎)，花椒5克，干红辣椒3个，精盐、味精各少许，酱油1小匙，料酒2大匙，植物油适量

制作

1　大头菜剥取菜叶，切成细条，用清水漂洗干净，取出、沥水；水发粉条剪成段。

2　锅置火上，加入植物油烧至六成热，下入虾头炸出虾油，把虾油浇入小碗中；锅内再放入干红辣椒、花椒、葱段、姜片、蒜瓣炒出香味。

3　烹入料酒，加入清水、酱油、精盐和味精烧沸，放入水发粉条段和大头菜炒至断生，出锅倒入烧热的砂煲中，加热后淋上炸好的虾油即可。

青椒炒土豆丝

原料　调料

土豆350克, 青椒75克, 红椒30克

干红辣椒5克, 花椒、味精各少许, 精盐2小匙, 白醋1大匙, 植物油2大匙

制作

1　土豆去皮, 洗净, 切成细丝, 放入清水中浸泡; 青椒、红椒去蒂、去籽, 洗净, 沥净水分, 切成细丝; 干红辣椒切成丝。

2　净锅置火上, 加入清水烧沸, 倒入土豆丝焯烫一下, 捞出、过凉、沥水。

3　锅内加上植物油烧热, 放入花椒炸出香味, 放入干红辣椒丝、土豆丝、青椒丝、红椒丝、精盐、白醋、味精炒匀即成。

土豆丸子地三鲜

原料　调料

土豆200克, 茄子100克,
青椒、红椒各1个, 鸡蛋2个

葱末、姜末、蒜末各5克,
精盐、淀粉各1小匙, 面粉、
米醋各2小匙, 胡椒粉少
许, 酱油、料酒、水淀粉各
1大匙, 白糖1/2小匙, 植物
油适量

制作

1　茄子去皮, 切成大块, 表面剞上花刀; 青椒、红椒去
蒂及籽, 切成块; 将葱末、姜末、酱油、料酒、胡椒
粉、白糖和米醋放入碗中搅匀成味汁。

2　土豆放入锅内煮至熟, 捞出, 去皮, 压成泥, 磕入鸡
蛋, 加上淀粉、面粉、精盐搅匀, 捏成丸子, 放入油锅
中炸透, 捞出; 油锅内放入茄子块炸至熟, 捞出。

3　锅中留少许底油烧热, 放入调好的味汁烧沸, 用水
淀粉勾芡, 放入土豆球、茄子块、青椒块、红椒块炒
匀, 撒上蒜末, 出锅装盘即可。

干锅土豆鸡块

原料　调料

土豆250克，鸡腿200克，蒜薹、尖椒各少许

葱花、姜片各15克，蒜片、干辣椒段各10克，精盐1小匙，料酒、豆瓣酱各2大匙，蚝油、酱油各1大匙，白糖、胡椒粉各少许，植物油适量

制作

1. 土豆去皮，切成厚片，放入油锅内冲炸一下，捞出；蒜薹、尖椒洗净，切成粒；鸡腿取净鸡腿肉，切成条，放在容器内，加入精盐、料酒、胡椒粉拌匀，腌渍片刻。

2. 净锅置火上，加入植物油烧至六成热，下入鸡腿肉条煸炒至变色，放入干辣椒段、尖椒、葱花、姜片、蒜片炒香，加入蒜薹炒匀。

3. 放入豆瓣酱、蚝油、白糖、酱油调好口味，下入土豆片翻炒均匀，出锅倒在干锅内，直接上桌即可。

椒盐小土豆 ～₃✎✐✗

原料　调料

小土豆……………400克

香葱……………25克

红椒……………10克

椒盐……………2小匙

植物油……………适量

制作

1　小土豆洗净，放入蒸锅内，用旺火蒸约10分钟至熟，取出、凉凉，剥去外皮，切成两半；香葱去根，洗净，切成香葱花；红椒去蒂，切成碎粒。

2　净锅置火上，加入植物油烧至六成热，下入小土豆煎至一面呈黄色。

3　将小土豆翻转煎另一面，用铲子轻压小土豆表面，撒上香葱花和红椒粒炒香，加入椒盐翻炒均匀，出锅装盘即可。

QQ蔬菜球

原料　调料

土豆250克, 胡萝卜75克, 芹菜、香菇各50克, 香菜25克, 鸡蛋2个

牛奶4大匙, 精盐2小匙, 鸡精少许, 淀粉4小匙, 植物油适量

制作

1 胡萝卜去皮, 切成小丁; 香菜、芹菜分别切成末; 香菇去蒂, 切成丁; 土豆放入蒸锅内, 用旺火蒸至熟, 取出、凉凉, 去皮, 放入小盆中, 捣烂成土豆泥。

2 土豆泥盆内磕入鸡蛋, 加入牛奶、精盐、鸡精和淀粉搅拌均匀, 再放入胡萝卜丁、香菇丁、芹菜末、香菜末拌匀, 挤成大小均匀的丸子。

3 净锅置火上, 加入植物油烧至六成热, 下入丸子生坯炸至色泽金黄, 捞出、沥油, 装盘上桌即可。

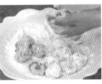

热拌粉皮茄子

原料 调料

茄子、粉皮各200克,黄瓜、胡萝卜各50克,香菜段15克,芝麻少许

干树椒段10克,花椒、蒜末各5克,精盐1/2小匙,海鲜酱油1大匙,米醋4小匙,香油2小匙,白糖少许,水淀粉、植物油各适量

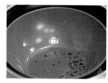

制作

1 黄瓜、胡萝卜分别洗净,切成细丝;茄子切成小条,加入水淀粉抓匀,放入热油锅内炸至熟,捞出、沥油。

2 锅内加上少许底油烧热,下入花椒、干树椒段煸酥,倒入小碗内,加入海鲜酱油、精盐、白糖、米醋、香油搅匀成味汁。

3 把茄子条、黄瓜丝、胡萝卜丝码放在盘内,摆上的粉皮,撒上蒜末、芝麻和香菜段,淋上调好的味汁即成。

沙茶茄子煲

原料 调料

茄子300克，牛肉末150克，鲜香菇100克，洋葱块50克，青椒块、红椒块各30克

沙茶酱、蚝油各2小匙，料酒1大匙，酱油2大匙，水淀粉4小匙，味精少许，植物油适量

制作

1 茄子去蒂，切成滚刀块；鲜香菇去蒂，洗净，切成小块；锅中加上植物油烧热，放入洋葱块、茄子块、鲜香菇块煸炒至七分熟，出锅、装盘。

2 牛肉末放入碗中，加入料酒、少许酱油调拌均匀，放入烧至六成热的油锅中炒散。

3 加入蚝油、沙茶酱、酱油及清水烧沸，放入炒好的茄子块，加入青椒块、红椒块、洋葱块、香菇块炒匀，用水淀粉勾芡，加入味精，倒入砂煲内加热，即可。

酱拌茄子

原料 调料

茄子500克, 洋葱50克, 紫苏30克

葱末、姜末、蒜末各10克, 精盐、花椒油各2小匙, 白糖1大匙, 酱油、米醋各2大匙, 芝麻酱4大匙, 味精、蚝油、香油各少许

制作

1 将茄子放在小火上烤至熟, 再放入清水中浸泡一下, 捞出、去皮, 撕成条状; 洋葱去皮, 用清水洗净, 切成细丝; 紫苏择洗干净, 切成细丝。

2 芝麻酱放入大碗中, 先加入米醋搅匀, 再加入酱油、精盐、白糖、味精、蚝油调拌均匀成味汁。

3 味汁内放入茄子条, 淋上花椒油、香油拌匀, 放入洋葱丝、紫苏丝、葱末、姜末、蒜末搅匀, 直接上桌即可。

老妈扒茄子

原料 调料

茄子……………………500克
五花肉…………………100克
青椒、红椒………各50克
胡萝卜碎、香菜末…各25克
香葱花、蒜末……各15克
金黄酱…………………1大匙
大豆酱、白糖……各2小匙
鸡汁…………………2大匙
水淀粉、植物油…各适量

制作

1 青椒、红椒、胡萝卜分别洗净,切成碎粒;五花肉洗净,切成小丁;茄子去蒂,在根部切上十字花刀,放入烧至六成热的油锅内炸软,捞出、沥油。

2 锅内留底油烧热,下入五花肉丁炒出香味,加入金黄酱和大豆酱炒匀,放入茄子,加入白糖、鸡汁和适量清水烧至入味,用水淀粉勾芡,出锅、装盘。

3 在茄子上撒上蒜末、香菜末、胡萝卜碎、青椒碎和葱花,食用时拌匀即可。

香煎茄盒

原料　调料

茄子……………………300克

调好的猪肉馅……200克

红椒粒、葱末……各10克

黄豆酱……………………2小匙

辣椒酱……………………2大匙

白糖、水淀粉……各1大匙

淀粉、植物油……各适量

制作

1　茄子去蒂，洗净，切成夹刀片，酿入调好的猪肉馅，放入蒸锅内蒸2分钟，取出，再粘上一层淀粉，放入油锅内煎炸至熟脆，捞出、沥油，码放在盘内。

2　净锅复置火上，加入少许植物油烧热，下入葱末、红椒粒、黄豆酱、辣椒酱炒出香辣味。

3　加入清水、白糖烧沸，用水淀粉勾薄芡，出锅淋在煎炸好的茄盒上即可。

辣烧茄子豆角

原料　调料

茄子250克,长豆角200克,猪肉末75克,红椒丁少许

葱段、姜片各15克,蒜片10克,辣椒酱1大匙,白糖、水淀粉各少许,老抽、植物油各适量

制作

1. 茄子去蒂,切成小块,用水淀粉抓匀,放入油锅内炸一下,捞出;长豆角切成长段,放入热油锅内略炸,捞出、沥油。

2. 原锅留底油烧热,放入猪肉末、葱段、姜片、蒜片和辣椒酱炒出香辣味。

3. 放入茄子块、豆角段和红椒丁,加入老抽、白糖和清水,用小火烧约2分钟,用水淀粉勾芡,出锅装盘即可。

萝卜干腊肉炝芹菜

原料 调料

芹菜250克, 腊肉100克, 萝卜干80克, 红辣椒30克, 青蒜20克

葱末、姜末各5克, 红泡椒碎1大匙, 味精1/2小匙, 白糖、酱油各1小匙, 醪糟4小匙, 植物油2大匙

制作

1 腊肉放入蒸锅内蒸至熟, 取出、凉凉, 切成片; 青蒜切成小粒; 红辣椒洗净, 切成条; 芹菜洗净, 切成小段, 放入沸水锅内焯烫一下, 捞出、沥水, 放入盘内。

2 锅置火上, 加上植物油烧热, 下入葱末、姜末、红泡椒碎炒出香辣味, 放入萝卜干翻炒一下, 放入腊肉片, 加入醪糟、酱油、白糖炒匀。

3 放入青蒜粒、红辣椒条和味精翻炒均匀, 出锅放在盛有芹菜段的盘中, 直接上桌即可。

三丝芹菜

原料　调料

芹菜200克，胡萝卜150克，素鸡豆腐100克

蒜瓣15克，芥末、蚝油各少许，米醋、辣椒油各1小匙，蒸鱼豉油2小匙，麻辣油、白糖、香油各适量

制作

1　芹菜去除老筋，洗净，切成粗丝；素鸡豆腐切成丝；胡萝卜洗净，切成丝，放入沸水锅内焯烫至熟，捞出、过凉，沥干水分。

2　蒜瓣拍松，剁成蒜蓉，放在碗内，加入芥末、蚝油、辣椒油、麻辣油、蒸鱼豉油、白糖、香油、米醋搅拌均匀成味汁。

3　芹菜丝、胡萝卜丝、素鸡豆腐丝放入大碗内，加入味汁调拌均匀，装盘上桌即可。

咸肉荷兰豆

原料 调料

荷兰豆300克, 咸肉150克

葱段、姜片各10克, 蒜片、泰椒段各5克, 精盐、鸡精各1小匙, 白糖2小匙, 海鲜酱油1大匙, 植物油适量

制作

1 将咸肉刷洗干净, 放入蒸锅内蒸15分钟, 取出, 切成大片; 荷兰豆撕去豆筋, 洗净。

2 净锅置火上, 加入清水、少许精盐、鸡精、白糖、植物油烧沸, 下入荷兰豆焯烫一下, 捞出、沥水。

3 净锅置火上烧热, 下入咸肉片、葱段、姜片、蒜片、泰椒段煸炒出香味, 放入荷兰豆、海鲜酱油、精盐、鸡精、白糖炒匀, 出锅装盘即成。

牛肉炒荷兰豆

原料 调料

荷兰豆200克, 牛肉150克

大葱、姜块各10克, 蒜瓣5克, 精盐1小匙, 鸡精1/2小匙, 料酒2小匙, 白糖、水淀粉各少许, 海鲜酱油适量

制作

1. 荷兰豆撕去豆筋, 放入沸水锅内, 加入少许精盐、鸡精焯烫至变色, 捞出、沥水; 牛肉切成薄片; 大葱择洗干净, 切成葱花; 姜块、蒜瓣分别洗净, 切成片。

2. 净锅置火上烧热, 下入牛肉片炒至出油, 放入葱花、姜片、蒜片炒出香味。

3. 烹入料酒, 加上鸡精、精盐、白糖调好口味, 放入荷兰豆翻炒均匀, 加入海鲜酱油, 用水淀粉勾薄芡, 出锅装盘即可。

八宝山药

原料　调料

净山药·····················400克
果脯·······················200克
豆沙馅·····················150克
葡萄干、核桃仁···········各35克
蜂蜜·························1大匙
水淀粉、植物油············各少许

制作

1　净山药放入蒸锅内蒸至熟，取出、凉凉，去皮，压成蓉；取大碗，在内侧涂抹上植物油，放上少许果脯，加上山药蓉。

2　碗内撒上果脯和核桃仁，放上豆沙馅，再放上一层山药蓉，撒上一层果脯和葡萄干，用剩余山药蓉压实成八宝山药。

3　八宝山药放入蒸锅内蒸20分钟，取出，扣在盘内；净锅内加入蜂蜜和清水烧沸，用水淀粉勾芡，浇在八宝山药上即可。

滋补果色山药

原料 调料

山药……………………400克

牛奶……………………3大匙

蜂蜜……………………1大匙

橄榄油…………………2小匙

草莓酱…………………适量

制作

1 山药洗净，放入蒸锅内蒸至熟，取出，削去外皮，放在容器内压成泥状，分两次加入牛奶搅拌均匀，再加入蜂蜜、橄榄油搅拌均匀。

2 将山药泥装在裱花袋内，裱花袋下方剪一个小口，将山药泥挤在杯子内。

3 草莓酱加入适量清水和少许蜂蜜，充分搅拌均匀，淋在山药泥上即可。

四色山药

原料　调料

山药200克,木瓜、黄瓜各50克,胡萝卜、青椒各30克,水发木耳25克

精盐2小匙,鸡精少许,白糖1小匙,水淀粉适量,植物油1大匙

制作

1　山药、黄瓜、胡萝卜、木瓜分别洗净,去皮,切成小块;青椒洗净,切成小丁;水发木耳去根,撕成小块。

2　将山药、黄瓜、木瓜、胡萝卜、木耳分别放入沸水锅内,加入少许精盐和植物油焯烫一下,捞出、沥水。

3　锅中加入植物油烧热,放入山药块、黄瓜块、胡萝卜块、青椒丁、木耳块略炒,加入精盐、鸡精、白糖调好口味,用水淀粉勾芡,放入木瓜块翻炒几下即可。

八宝菠菜

原料　调料

菠菜400克，净虾仁、火腿各35克，胡萝卜丁、洋葱丁、花生米、熟芝麻各30克，香菜段25克

树椒、蒜末各5克，精盐、鸡精各2小匙，海鲜酱油、白糖、米醋各1大匙，香油、辣椒油、植物油各适量

制作

1　菠菜去根，洗净，切成小段，放入沸水锅内焯烫至变色，捞出、过凉，攥干水分；净虾仁放入沸水锅内焯熟，取出；火腿切成丁；树椒切成小段。

2　将菠菜段、熟虾仁放在容器内，加入蒜末、香菜段、火腿丁、胡萝卜丁和洋葱丁调匀。

3　树椒段用热植物油炸香，放在菠菜段上，加入精盐、鸡精、白糖、米醋、香油、海鲜酱油拌匀，再撒上花生米、熟芝麻，淋上辣椒油，装盘上桌即可。

家常合炒

原料 调料

大头菜200克，猪里脊肉100克，红椒丝30克，水发粉丝25克，韭菜段少许，鸡蛋1个

葱段、蒜片各10克，精盐、鸡精各1小匙，料酒、老抽各1大匙，海鲜酱油2小匙，植物油适量

制作

1 猪里脊肉切成粗丝；大头菜去掉菜根，洗净，也切成丝；鸡蛋磕在碗内，搅散成鸡蛋液，放入热油锅内煎炒至熟，取出。

2 净锅置火上，加入植物油烧至六成热，先下入猪肉丝炒至变色，再放入葱段、蒜片、大头菜丝，加入料酒、海鲜酱油炒匀。

3 加入鸡精、精盐，放入熟鸡蛋碎、水发粉丝、红椒丝稍炒，撒上韭菜段，淋上老抽，出锅装盘即可。

双瓜熘肉片

原料　调料

西瓜皮、黄瓜各150克, 猪里脊肉125克, 青红椒块、水发木耳各少许

葱花、姜片各10克, 精盐、味精各1小匙, 白糖、胡椒粉各少许, 香油1/2大匙, 水淀粉、植物油各适量

制作

1 西瓜皮去掉青皮, 切成小块; 黄瓜切成斜刀片, 和西瓜块一起放在碗内, 加入少许精盐拌匀, 腌渍出水分。

2 猪里脊肉切成薄片, 加入少许精盐、水淀粉拌匀, 下入沸水锅中略烫, 捞出。

3 锅内加上植物油烧热, 放入葱花、姜片炒香, 加入猪肉片、黄瓜片、西瓜皮块、青红椒块、水发木耳、精盐、味精、白糖、胡椒粉炒匀, 淋上香油即成。

咸酥莲藕

原料　调料

莲藕200克，芝麻150克，红椒末15克

精盐、味精、五香粉、泡打粉各少许，淀粉3大匙，面粉2大匙，植物油适量

制作

1 莲藕去掉藕节，削去外皮，切成片，放入沸水锅中焯烫一下，捞出、过凉，沥干水分。

2 将面粉、淀粉、泡打粉、五香粉、精盐和少许清水搅拌均匀成糊，放入莲藕片拌匀，粘匀芝麻成莲藕生坯，放入热油锅中炸至酥脆，捞出、沥油。

3 原锅留底油烧至七成热，放入红椒末煸炒出香味，倒入莲藕片，加入精盐、味精炒匀，出锅装盘即可。

糖醋素排骨

原料　调料

莲藕250克, 青椒、红椒各30克, 水发木耳25克, 鸡蛋1个

葱花、姜片各10克, 精盐少许, 酱油、水淀粉各1大匙, 白糖、白醋各3大匙, 面粉4大匙, 淀粉2大匙, 植物油适量

制作

1　水发木耳撕成小块; 青椒、红椒去蒂及籽, 切成块; 莲藕去皮, 切成条; 面粉、淀粉、鸡蛋、清水及少许植物油放入碗中拌匀成糊, 放入莲藕条拌匀。

2　锅置火上, 加上植物油烧热, 放入藕条炸至上色, 再倒入青椒块、红椒块冲炸一下, 捞出、沥油。

3　锅中留底油烧热, 下入葱花、姜片炒香, 加入酱油、白醋、白糖、精盐及少许清水烧沸, 用水淀粉勾芡, 倒入莲藕条、青椒、红椒和木耳炒匀, 出锅装盘即可。

西蓝花彩蔬小炒

原料　调料

西蓝花200克，胡萝卜150克，玉米粒100克，青椒25克

精盐2小匙，鸡精1/2小匙，白糖1小匙，水淀粉1大匙，香油少许，植物油适量

制作

1　西蓝花去根，掰成小朵，用清水漂洗干净；青椒洗净，切成小丁；胡萝卜去皮，切成小丁，放入沸水锅内，加上玉米粒一起焯烫一下，捞出、沥水。

2　锅内加入清水、精盐、鸡精、白糖和少许植物油烧沸，下入西蓝花焯烫至熟，捞出、沥水，放在盘内。

3　锅中加入植物油烧热，下入青椒丁、胡萝卜丁、玉米粒、精盐、鸡精、白糖炒匀，用水淀粉勾芡，淋上香油，出锅放在盛有西蓝花的盘内即可。

荷塘小炒

原料 调料

西蓝花200克，莲藕、荷兰豆各100克，虾仁75克，彩椒块、水发木耳各25克，百合瓣5克

葱花、姜片各15克，精盐、鸡精各1小匙，白糖1/2小匙，水淀粉适量，香油2小匙，植物油4小匙

制作

1 西蓝花洗净，去根，切成小朵；虾仁去除虾线，放入沸水锅内焯烫一下，捞出，沥水；莲藕去皮，切成片；荷兰豆洗净，切成块；水发木耳撕成小块。

2 净锅置火上，加入清水、精盐、鸡精和少许植物油烧沸，分别放入西蓝花、莲藕片、荷兰豆、水发木耳、百合瓣、彩椒块焯烫一下，捞出，沥水。

3 净锅置火上，加入植物油烧至六成热，下入葱花、姜片炝锅，放入所有原料翻炒均匀，加入精盐、鸡精、白糖调好口味，用水淀粉勾芡，淋入香油即可。

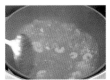   

鸡汁芋头烩豌豆

原料 调料

净芋头300克,豌豆粒100克,鸡胸肉75克,鸡蛋1个

葱段、姜片各10克,精盐1小匙,胡椒粉1/2小匙,料酒2小匙,水淀粉1大匙,植物油2大匙

制作

1. 净芋头蒸至熟,取出、去皮,切成块;鸡胸肉放入粉碎机中,磕入鸡蛋,加入葱段、姜片、料酒、胡椒粉、清水打成鸡汁。

2. 锅置火上,加入植物油烧至七成热,倒入打好的鸡汁搅炒均匀,放入熟芋头块,加入精盐煮5分钟。

3. 放入洗净的豌豆粒烧烩2分钟,用水淀粉勾芡,加入胡椒粉推匀,倒入砂煲中,再置火上烧沸,离火上桌即可。

炝拌三丝

原料　调料

白萝卜·····················200克

胡萝卜·····················120克

土豆·····················100克

精盐、米醋·······各2小匙

白糖·····················1大匙

花椒油·····················4小匙

制作

1　白萝卜去根，削去外皮，洗净，切成细丝；胡萝卜、土豆分别去皮，洗净，切成细丝。

2　锅中加入适量清水和少许精盐烧沸，分别下入白萝卜丝、胡萝卜丝、土豆丝焯烫一下至熟透，捞出、过凉，沥净水分。

3　把白萝卜丝、胡萝卜丝和土豆丝放在容器内，加入精盐、白糖、米醋和烧热的花椒油拌匀，即可上桌。

朝鲜辣酱黄瓜卷

原料 调料

黄瓜200克,胡萝卜125克,鸭梨1个,熟芝麻少许

蒜蓉5克,精盐1/2大匙,甜辣酱4小匙,香油1大匙

制作

1. 胡萝卜去根,洗净,切成细丝,加入精盐腌渍片刻,攥干水分;取小碗,加入蒜蓉、甜辣酱、香油、少许精盐调匀,再放入胡萝卜丝、熟芝麻拌匀成蘸料。

2. 鸭梨洗净,削去外皮,切成细丝;黄瓜洗净,用刮皮刀刮成长条片。

3. 黄瓜片铺平,放上少许胡萝卜丝、鸭梨丝卷成卷,逐个卷好,码入盘中,与调好的蘸料一同上桌即可。

紫菜蔬菜卷

原料　调料

净菠菜150克, 绿豆芽100克, 胡萝卜50克, 紫菜2张, 鸡蛋3个

精盐、芥末、香油各1小匙, 白糖、酱油各2小匙, 芝麻酱2大匙, 白醋、水淀粉各1大匙

制作

1　胡萝卜去皮, 切成细丝; 绿豆芽去根, 洗净; 净锅置火上, 加入适量清水烧沸, 分别放入净菠菜、胡萝卜丝、绿豆芽焯烫一下, 捞出、过凉, 沥净水分。

2　鸡蛋磕入碗内, 加入少许精盐和水淀粉拌匀成鸡蛋液, 倒入热锅中摊成鸡蛋皮, 取出; 芝麻酱、酱油、白醋、白糖、香油、芥末、精盐放入碗内调匀成味汁。

3　紫菜放在案板上, 摆上鸡蛋皮, 将多余的鸡蛋皮切丝, 放在上面, 再放上菠菜、胡萝卜丝、绿豆芽卷成蔬菜卷, 切段后装盘, 随味汁一同上桌蘸食即可。

蚕豆奶油南瓜羹

原料 调料

南瓜……………………200克

鲜蚕豆…………………150克

牛奶……………………240克

面粉……………………15克

枸杞子…………………少许

冰糖……………………45克

黄油……………………1大匙

制作

1 南瓜去皮、去瓤，洗净，切成块，放入蒸锅中蒸8分钟，取出；鲜蚕豆去皮，洗净，放入清水锅中煮约5分钟至熟，关火后加入牛奶调匀成奶汁。

2 将奶汁滗出一部分，剩余奶汁和蚕豆放入粉碎机中，加入冰糖粉碎成浆，再倒回奶汁中。

3 锅置火上，加入黄油和面粉炒香，倒入奶汁，用旺火煮沸，倒入大碗中，放入南瓜块，撒上枸杞子即可。

粉蒸南瓜

原料 调料

南瓜200克,牛肉100克,豌豆50克,炸粉丝25克,鸡蛋1个

葱花少许,精盐、味精各2小匙,酱油、白糖各1小匙,花椒粉、米醋、五香粉、香油各少许,淀粉适量

制作

1. 南瓜去皮,切成块,加入清水和米醋浸泡5分钟;牛肉剔去筋膜,切成条,放在碗内,加入精盐、味精、淀粉、鸡蛋抓匀。

2. 南瓜块、牛肉条放入容器内,加入酱油、花椒粉、五香粉、精盐、白糖、米醋调匀,再放入炸粉丝、豌豆,腌渍2分钟。

3. 把容器放入蒸锅,用旺火蒸15分钟,取出,撒上葱花,淋上烧热的香油即可。

姜汁炝芦笋

原料 调料

芦笋200克，香肠75克，彩椒50克，百合15克

姜末10克，精盐、味精各少许，白糖、胡椒粉、水淀粉、植物油各适量

制作

1 芦笋削去老皮，切成小段；香肠切成薄片；彩椒洗净，切成小条；百合去根，取百合瓣，洗净；把芦笋段、香肠片放入沸水锅内焯烫一下，捞出、沥水。

2 百合瓣放入碗中，加入姜末、精盐、白糖、胡椒粉、味精、水淀粉及少许清水调匀成味汁。

3 锅中加上植物油烧热，放入芦笋段、香肠片稍炒，倒入调好的味汁炒匀，撒上彩椒条，出锅装盘即可。

回锅菜花

原料　调料

菜花150克，五花肉100克，香菇、红椒丁各50克

青蒜、蒜末各10克，葱末、姜末各15克，精盐、味精各1小匙，白糖、米醋各2小匙，甜面酱、豆瓣酱各1大匙，香油、植物油各适量

制作

1　菜花洗净，切成小朵，放入淡盐水中浸泡片刻，再放入沸水锅中焯烫一下，捞出；五花肉切成薄片；香菇去蒂，洗净，切成小块；青蒜洗净，切成小段。

2　锅中加上植物油烧至六成热，放入五花肉片略炒，加上香菇块、葱末、姜末、蒜末、红椒丁炒至变色，加入豆瓣酱、甜面酱和菜花炒匀。

3　加入白糖、米醋、味精、精盐调好口味，撒上青蒜段，淋上香油，出锅上桌即可。

珊瑚苦瓜

原料　调料

苦瓜250克，柠檬皮15克，熟芝麻5克

干红辣椒15克，葱丝、姜丝各10克，精盐1小匙，味精少许，白糖、香油各2小匙，白醋1大匙，植物油适量

制作

1. 苦瓜去蒂，切开后去瓤，切成条，加入少许精盐腌渍20分钟，取出，攥净水分；柠檬皮洗净，切成细丝；干红辣椒去蒂，洗净，剪成细丝。

2. 锅中加入植物油、香油烧热，放入干红辣椒丝、葱丝、姜丝、柠檬皮丝炒出香味，盛入碗中。

3. 将苦瓜条挤干水分，放入大碗中，加入熟芝麻、精盐、白糖、味精、白醋拌匀，倒入炸好的葱丝、姜丝、干红辣椒丝、柠檬丝调拌均匀，装盘上桌即可。

苦瓜蘑菇松

原料 调料

苦瓜300克，鸡腿菇75克，芝麻25克

葱花15克，白糖1小匙，味精少许，酱油1大匙，料酒2大匙，香油、植物油各适量

制作

1 苦瓜去瓤，洗净，用刮皮刀刮成薄片，放入沸水锅内焯烫一下，捞出、沥水；鸡腿菇洗净，用刀面拍一下，切成丝，放入沸水锅中焯烫一下，捞出、沥水。

2 锅置火上，加入植物油烧热，放入葱花爆出香味，放入鸡腿菇丝，用小火煸炒5分钟至呈金黄色。

3 加入料酒、酱油、白糖、味精、香油炒匀，撒入芝麻，出锅、凉凉成蘑菇松，再加入苦瓜薄片调拌均匀，装盘上桌即可。

剁椒苦瓜拌虾仁

原料　调料

苦瓜250克, 虾仁100克, 独头蒜25克, 红椒、野山椒各15克, 红泡椒少许

凉拌汁1大匙, 鸡精1小匙, 白糖2小匙, 香油适量

制作

1　苦瓜去根、去瓤, 切成片; 虾仁去除虾线, 洗净; 红椒去蒂, 切成小块; 野山椒洗净, 切成段; 独头蒜去皮, 切成末。

2　净锅置火上, 加入清水烧沸, 下入苦瓜片、红椒块焯烫一下, 捞出、过凉; 沸水锅内再放入虾仁焯水, 捞出、过凉。

3　将苦瓜片、红椒块放在大碗内, 放入虾仁、蒜末、野山椒、红泡椒、凉拌汁、鸡精、白糖、香油搅拌均匀即可。

106

培根炒秋葵

原料 调料

秋葵250克, 培根片150克, 彩椒50克

蒜瓣15克, 精盐1小匙, 白糖少许, 香油2小匙, 植物油适量

制作

1 将秋葵洗净, 沥水, 斜刀切成小段; 培根片切成小块; 彩椒去蒂、去籽, 洗净, 沥净水分, 切成小块; 蒜瓣去皮, 洗净。

2 净锅置火上, 加入植物油烧至六成热, 放入蒜瓣慢慢煸炒至上色, 再下入培根块炒至熟。

3 放入秋葵段、彩椒块翻炒片刻, 加入精盐、白糖调好口味, 淋上香油, 出锅装盘即可。

富贵萝卜皮

原料 调料

白萝卜500克，香菜段少许

泰椒25克，姜块15克，蒜瓣10克，白糖3大匙，米醋2大匙，海鲜酱油1大匙，花椒油1小匙，香油2小匙，辣鲜露少许

制作

1. 白萝卜去根、洗净，切成三段，用刀片取白萝卜皮，切成长条，加入白糖拌匀，腌渍1小时；泰椒去蒂，切成小段；蒜瓣、姜块分别去皮，切成小片。

2. 泰椒段、姜片、蒜片放在容器内，加入米醋、海鲜酱油、花椒油、香油、辣鲜露、少许白糖搅匀成味汁，放入腌渍好的白萝卜片拌匀，用保鲜膜密封。

3. 把白萝卜片放入冰箱保鲜层内冷藏10小时，食用时取出，码放在盘内，淋上味汁，撒上香菜段即可。

老虎菜

原料　调料

黄瓜……………………200克

洋葱……………………75克

红椒、青椒………各50克

香菜、香葱………各25克

精盐、芥末油……各少许

白糖、香油………各1小匙

蒸鱼豉油……………2小匙

米醋……………………1大匙

制作

1 黄瓜洗净,切成细丝;红椒、青椒去蒂、去籽,洗净,切成细丝;洋葱去根及老皮,洗净,切成丝;香菜取嫩茎,洗净,切成小段;香葱择洗干净,切成段。

2 把蒸鱼豉油放在小碗内,加入米醋、精盐、白糖、芥末油、香油调拌均匀成味汁。

3 将黄瓜丝、红椒丝、青椒丝、洋葱丝、香菜段和香葱段放入容器内,倒入调好的味汁搅拌均匀,装盘上桌即可。

麦香薯条

原料　调料	
红薯	400克
玉米片	150克
白糖	125克
植物油	适量

制作

1　红薯去皮，切成长条；锅内加入植物油烧热，下入玉米片炸至酥脆，捞出，放在铺好吸油纸的大盘内。

2　净锅置火上，加入植物油烧至六成热，下入红薯条，慢慢浸炸至红薯条色泽金黄，捞出、沥油。

3　锅中加入少许植物油、清水，放入白糖慢慢熬制，待糖汁黏稠、变色，放入红薯条翻炒均匀，出锅，包裹上一层玉米片，码盘上桌即可。

蒜薹小炒肉

原料 调料

蒜薹250克，猪肉150克

姜块、树椒各5克，豆瓣酱1大匙，白糖2小匙，老干妈辣酱4小匙，鸡精、水淀粉各少许，植物油适量

制作

1 蒜薹去根，洗净，切成小段；猪肉去除筋膜，切成条（大片）；姜块洗净，切成片；树椒洗净，切成段。

2 净锅置火上，加入植物油烧热，下入猪肉条炒至变色，放入树椒段、姜片炒香。

3 加入豆瓣酱、白糖、蒜薹段、老干妈辣酱炒匀，再加入鸡精和少许清水略炒，用水淀粉勾芡，出锅装盘即可。

油焖春笋

原料 调料

春笋300克

大葱、姜块各10克，精盐2小匙，料酒1小匙，酱油1大匙，甜面酱4小匙，香油、植物油各适量

制作

1. 春笋去根，削去外皮，洗净，切成条，放入碗中，加入少许酱油搅匀，放入热油锅内略炸一下，捞出、沥油。

2. 取小碗，加入精盐、少许酱油、料酒、甜面酱调匀成味汁；大葱、姜块分别洗净，切成碎末。

3. 锅内加上植物油烧热，放入葱末、姜末炒出香味，放入春笋块炒匀，倒入调好的味汁翻炒均匀，淋上香油，出锅上桌即可。

春笋雪菜肉丝

原料　调料

春笋200克，猪肉100克，腌雪菜、油豆腐各75克

葱末、蒜片各10克，泰椒段5克，精盐、鸡精各1小匙，料酒2大匙，海鲜酱油1大匙，白糖、水淀粉各少许，植物油适量

制作

1. 猪肉切成细丝，加入少许精盐、鸡精、料酒、水淀粉拌匀；春笋、油豆腐分别洗净，切成条，放入沸水锅内焯烫一下，捞出；腌雪菜洗净，切成小段。

2. 净锅置火上，加入植物油烧至六成热，下入猪肉丝炒至变色，放入葱末、蒜片、泰椒段炒香。

3. 加入海鲜酱油、鸡精、精盐、白糖，放入雪菜段、油豆腐条、春笋条翻炒均匀，出锅装盘即可。

素鱼香肉丝

原料　调料

鲜香菇300克，冬笋、韭黄段各70克，水发木耳40克，青椒丝、红椒丝各20克

葱丝、姜丝各15克，精盐、胡椒粉各1小匙，白糖、酱油各1大匙，米醋、料酒各4小匙，淀粉、水淀粉各少许，豆瓣酱、植物油各适量

制作

1　水发木耳洗净，切成丝；冬笋洗净，切成丝；鲜香菇洗净，剪成丝状，加入少许料酒、精盐、胡椒粉、淀粉抓匀，放入沸水锅内焯烫一下，捞出、沥水。

2　碗中加入精盐、酱油、白糖、料酒、米醋、少许清水和水淀粉调匀成味汁。

3　锅中加上植物油烧热，下入葱丝、姜丝炒香，加入豆瓣酱炒出红油，放入冬笋丝、青椒丝、红椒丝、木耳丝和味汁烧沸，放入韭黄段和香菇丝炒匀即可。

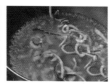

蜜汁脆香菇

原料 调料

香菇300克, 面包200克,
熟芝麻15克

葱花、姜片各10克, 蒜片5
克, 蚝油1大匙, 鲜露2小
匙, 黑胡椒汁1小匙, 白糖
少许, 水淀粉1/2大匙, 淀
粉、植物油各适量

制作

1　面包用勺子按压成盛器, 放在盘内; 香菇用清水漂洗干净, 去掉菌蒂, 切成小块, 用淀粉裹匀。

2　净锅置火上, 加入植物油烧至五成热, 下入香菇块冲炸至熟, 捞出; 待锅内油温升至七成热时, 再放入香菇块复炸一下, 捞出、沥油。

3　锅内留底油烧热, 下入葱花、姜片、蒜片炝锅, 加入黑胡椒汁、蚝油、鲜露、白糖煮沸, 用水淀粉勾芡, 放入香菇块翻炒几下, 撒上熟芝麻, 盛在面包上即可。

烧酿香菇

原料 调料

香菇250克, 猪肉末150克, 鸡蛋1个

香葱花15克, 姜末5克, 精盐、鸡精、白糖、白胡椒粉各1小匙, 泡鱼辣椒、海鲜酱油各2大匙, 料酒、水淀粉各1大匙, 淀粉、植物油各适量

制作

1 将猪肉末放在碗内, 加入姜末、鸡精、精盐、白胡椒粉、海鲜酱油、料酒、鸡蛋和淀粉搅拌均匀, 制成馅料。

2 香菇去根, 放入沸水锅内焯烫一下, 捞出, 底部涂抹上一层淀粉, 酿入馅料成香菇盒, 放入油锅内冲炸一下, 捞出。

3 锅内留底油烧热, 下入泡鱼辣椒、海鲜酱油、料酒、鸡精、白糖和香菇盒烧至入味, 用水淀粉勾芡, 撒上香葱花即可。

 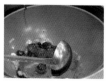

素鳝鱼炒青笋

原料 调料

鲜香菇400克, 青笋50克,
香菜段25克, 红椒末少许

葱末、姜丝、蒜末各10克,
酱油、料酒各1大匙, 精盐、
白糖各2小匙, 胡椒粉、味
精各少许, 水淀粉2大匙,
淀粉、植物油各适量

制作

1 青笋洗净, 切成丝, 用沸水焯烫一下, 捞出; 鲜香菇用热水略烫, 捞出、去蒂, 用剪刀剪成细条, 加入淀粉拌匀, 再用沸水略焯, 捞出、过凉。

2 把姜丝、酱油、料酒、精盐、胡椒粉、白糖、少许清水、水淀粉和味精放在碗内搅匀成味汁。

3 锅中加上植物油烧热, 倒入调好的味汁炒匀, 放入香菇条、青笋丝炒匀, 出锅、装盘, 撒上蒜末、香菜段、葱末、红椒末, 淋上少许烧热的植物油即可。

油吃鲜蘑

原料 调料

鲜蘑200克，黄瓜50克，胡萝卜30克，银耳10克

姜末10克、精盐、味精各2小匙，白糖、胡椒粉各1小匙，橄榄油、植物油各适量

制作

1 鲜蘑洗净，撕成小片；银耳用清水浸泡，去根，撕成小块；黄瓜洗净，片成小片；胡萝卜洗净，切成丝；把鲜蘑片、胡萝卜丝、银耳焯烫一下，捞出、沥水。

2 取小碗，加入姜末、精盐、味精、胡椒粉、白糖、橄榄油拌匀，再浇入少许热植物油成味汁。

3 锅中加上植物油烧至六成热，放入鲜蘑片、黄瓜片、胡萝卜和银耳块，烹入味汁炒匀，出锅装盘即可。

麻辣蘑菇烩

原料 调料

金针菇、白玉菇、蟹味菇、
香菇、杏鲍菇、平菇各适量

白芝麻……………25克

干树椒、花椒……各10克

香葱、葱段………各15克

姜片、蒜末………各5克

火锅底料……………2大匙

豆瓣酱………………1大匙

植物油………………3大匙

制作

1 锅内加上植物油烧热，下入干树椒、花椒煸炒至变色，取出，剁碎；香葱洗净，切成葱花；把所有蘑菇择洗干净，放入沸水锅内焯烫一下，捞出、沥水。

2 锅置火上，加入植物油烧热，放入豆瓣酱、葱段、姜片炝锅出香味，下入焯烫好的各种蘑菇，加入少许清水、火锅底料翻炒均匀，出锅盛在碗内。

3 把剁碎的花椒、干树椒放在盛有蘑菇的碗内，撒上蒜末、白芝麻、香葱花，再淋上烧至九成热的植物油烫出香辣味，即可上桌食用。

剁椒金针菇

原料 调料

金针菇·············300克
猪五花肉··········50克
剁椒··············25克
香葱··············15克
白糖··············少许
植物油············1大匙

制作

1　将金针菇洗净，整齐地摆在盘中，放入蒸锅内，用旺火蒸几分钟，取出，沥去水分，切掉根部。

2　猪五花肉去除筋膜，洗净，切成碎末；香葱去根和老叶，洗净，切成香葱花，用清水浸泡片刻，取出。

3　净锅置火上，加入植物油烧至六成热，下入五花肉末煸炒至干香，放入剁椒、白糖炒匀，出锅浇在金针菇上，撒上香葱花即可。

蚝油杏鲍菇

原料 调料

杏鲍菇250克，五花肉75克，洋葱、青椒、红椒各25克

葱段、蒜瓣各10克，生抽2小匙，蚝油1大匙，白糖1小匙，植物油4小匙

制作

1 杏鲍菇洗净，切成小条；五花肉切成片；红椒、青椒去蒂、去籽，切成小条；洋葱洗净，切成小条；蒜瓣去皮，切成片。

2 锅内加入植物油烧热，下入五花肉片炒至变色，放入杏鲍菇条炒至干香。

3 下入葱段、蒜片、洋葱条、青椒条、红椒条，加入生抽、少许清水、白糖和蚝油，用旺火翻炒几下，出锅装盘即可。

干煸腊肉杏鲍菇

原料　调料

杏鲍菇200克，腊肉75克，芦笋、红椒各50克

葱花、姜片各10克，蒜片5克，酱油2小匙，鸡精、白糖各少许，香油、植物油各适量

制作

1　杏鲍菇洗净，切成小片；芦笋去根，洗净，切成小段；红椒去蒂及籽，切成片；腊肉刷洗干净，切成片。

2　锅内加入植物油烧热，先放入腊肉片炸至干香，捞出、沥油；油锅内再下入杏鲍菇片冲炸一下，捞出。

3　锅内留底油烧热，下入葱花、姜片、蒜片炝锅，放入芦笋段、红椒片、腊肉片、杏鲍菇片炒匀，加入酱油、鸡精、白糖调好口味，淋上香油，出锅装盘即成。

杏鲍菇炒甜玉米

原料　调料

杏鲍菇250克，甜玉米(罐头)100克，胡萝卜75克，尖椒50克

蒜片15克，精盐1小匙，生抽、老抽各1/2小匙，植物油2大匙

制作

1. 罐装甜玉米倒入容器中，沥净水分；杏鲍菇洗净，切成小丁；尖椒去蒂及籽，洗净，切成小丁；胡萝卜去皮，用清水洗净，切成小丁。

2. 炒锅置火上，加入植物油烧热，下入蒜片爆香，再加入胡萝卜丁、甜玉米粒翻炒均匀。

3. 放入杏鲍菇丁，加入精盐炒至杏鲍菇变软，然后下入尖椒丁炒至断生，加入生抽、老抽翻炒均匀即成。

银耳雪梨羹

原料　调料

雪梨……………………2个

银耳……………………15克

荸荠……………………15粒

枸杞子…………………10克

冰糖……………………50克

牛奶……………………250克

制作

1　将银耳用温水泡发，去蒂，洗净，撕成小朵；雪梨洗净，去皮，切成大块；荸荠去皮，洗净；枸杞子用清水浸泡并洗净，沥干水分。

2　将雪梨块、银耳、荸荠、冰糖放入电压力锅中，再加入适量清水，盖上盖，煲压40分钟至浓稠，取出后倒入大碗中，撒上枸杞子。

3　炒锅置火上，加入牛奶煮至沸，出锅倒入盛有雪梨、银耳的碗中即可。

甜木耳炒山药

原料　调料

山药200克，甜蜜豆100克，水发木耳50克，枸杞子少许

葱花10克，精盐2小匙，味精1小匙，水淀粉1大匙，植物油适量

制作

1 将山药去皮，洗净，切成薄片，用清水浸泡；甜蜜豆择洗干净；水发木耳去蒂，撕成小块；取小碗，放入枸杞子，加入水淀粉、精盐及少许清水拌匀成味汁。

2 锅中加入适量清水烧沸，依次放入木耳块、甜蜜豆、山药片焯烫一下，捞出、冲凉、沥水。

3 净锅置火上，加上植物油烧热，下入葱花炝锅出香味，倒入味汁，放入甜蜜豆、山药片、水发木耳块略炒，加入味精炒匀，出锅装盘即可。

Part 3
禽蛋豆品

参须枸杞炖老鸡

原料 调料

净老母鸡……………………1只

人参须……………………15克

枸杞子……………………10克

葱段………………………25克

姜块………………………15克

精盐………………………2小匙

料酒………………………1大匙

制作

1 人参须、枸杞子分别洗净，沥水；净老母鸡剁去爪尖，把鸡腿塞入鸡腹中，放入沸水锅内焯烫一下，捞出、沥水。

2 砂锅置火上，加入清水烧沸，放入老母鸡、葱段、姜块、料酒、人参须和枸杞子，用旺火烧沸，撇去表面浮沫。

3 转小火炖40分钟至母鸡熟烂，加入精盐调好口味，离火上桌即可。

豉椒泡菜白切鸡

原料　调料

净仔鸡1只，四川泡菜100克，青尖椒、红尖椒各25克，熟芝麻10克

葱段15克，花椒、蒜瓣各10克，精盐1小匙，白糖1大匙，豆豉辣酱3大匙，酱油、植物油各适量

制作

1. 葱段、蒜瓣洗净，切成末；四川泡菜切成小丁；青尖椒、红尖椒去蒂，洗净，切成椒圈；仔鸡洗涤整理干净，从中间破开，切成两半。

2. 锅中加入适量清水，放入净仔鸡煮至沸，再转小火煮至熟，取出、凉凉，剁成大块，码放在盘中。

3. 锅中加上植物油烧热，下入花椒、葱末、蒜末、豆豉辣酱炒香，出锅、装碗，加入酱油、熟芝麻、白糖、精盐、四川泡菜丁、青椒圈、红椒圈成味汁，浇在仔鸡块上即可。

口水鸡

原料 调料

鸡腿2个, 黄瓜75克, 碎花生米25克, 芝麻15克

大葱、姜块、蒜瓣各10克, 精盐、花椒粉各1小匙, 白糖、味精各少许, 米醋2小匙, 豆豉、酱油、芝麻酱、豆瓣酱各1大匙

制作

1. 黄瓜洗净, 切成大薄片, 码放在盘内; 鸡腿剔去骨头, 在鸡腿内侧剁上几刀, 放入清水锅内, 加上少许大葱、姜块和精盐煮至熟, 捞出、凉凉。

2. 把剩下的大葱、姜块切成末; 蒜瓣剁碎, 全部放在碗内, 加入芝麻酱、豆豉、花椒粉、精盐、酱油、白糖、豆瓣酱、芝麻、味精、米醋调匀成口水鸡味汁。

3. 将鸡腿肉切成条块, 码放在盛有黄瓜片的盘内, 浇上调好的口水鸡味汁, 再撒上碎花生米即可。

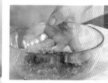

红果鸡

原料 调料

鸡腿2个,山楂(红果)100克,柚子肉25克,鸡蛋1个

姜块20克,葱段10克,精盐1/2大匙,料酒2小匙,白糖3大匙,淀粉2大匙,植物油适量

制作

1 山楂切成两半,去掉果核;姜块去皮,切成小片,放入沸水锅内煮3分钟,捞出姜片,再放入山楂、少许精盐和白糖炒至浓稠,出锅盛入碗中成山楂糊。

2 鸡腿去骨,切成小块,加入精盐、料酒、葱段拌匀,腌渍10分钟,拣去葱段,磕入鸡蛋,加上淀粉拌匀,放入油锅内炸至酥脆,捞出、沥油。

3 锅中留少许底油,复置火上烧热,放入山楂糊,倒入鸡肉块,旺火翻炒均匀,撒上柚子肉即可。

131

烧鸡公

原料　调料

鸡腿400克，鲜香菇、青椒条、红椒条各30克，鸡蛋1个

大葱、姜块、蒜瓣各25克，花椒、干辣椒各5克，胡椒粉、白糖各1小匙，料酒2大匙，酱油、蚝油各2大匙，淀粉1大匙，植物油适量

制作

1. 鲜香菇择洗干净，切成块；鸡腿洗净，剁成大块，加上鸡蛋、蚝油、酱油、料酒、胡椒粉、淀粉拌匀，腌渍15分钟；大葱洗净，切成段；姜块去皮，切成片。

2. 锅中加上植物油烧热，下入葱段、姜块、蒜瓣炸香，取出葱、姜、蒜，垫入砂锅底部；锅内再放入花椒和鸡肉块炒至变色，加上干辣椒、香菇块和清水烧沸。

3. 用中火烧焖至鸡块熟，放入青椒条、红椒条和白糖炒匀，离火上桌即可。

香茶三杯鸡

原料 调料

鸡翅400克，青椒块、红椒块各20克，乌龙茶叶15克

香葱段30克，姜片、蒜瓣各15克，香叶5片，冰糖20克，糯米酒、酱油各2大匙，植物油4大匙

制作

1 将鸡翅洗净，剁成两半；碗中加入酱油、糯米酒调匀成味汁。

2 锅中加上植物油烧热，下入香葱段、姜片、蒜瓣炒香，捞出香葱段、姜片和蒜瓣，放入砂锅中垫底，下入鸡翅块煸炒。

3 放入香叶和冰糖，烹入味汁，倒入砂锅中，置小火上焖10分钟，放入青椒块、红椒块炒匀，撒上炸酥的乌龙茶叶即可。

左宗棠鸡

原料 调料

鸡腿400克, 芹菜100克,
红椒50克, 泰椒10克, 鸡
蛋1个

大葱、姜块各15克, 蒜瓣
10克, 白糖、胡椒粉各1小
匙, 鸡精、辣椒油各少许,
海鲜酱油2大匙, 料酒、米
醋、淀粉、植物油各适量

制作

1 芹菜去根和叶, 用清水洗净, 切成小段; 红椒去蒂,
洗净, 切成小块; 泰椒洗净, 切成小段; 大葱择洗干
净, 切成丁; 姜块、蒜瓣分别去皮, 洗净, 切成小片。

2 鸡腿剔去骨头, 切成大块, 加入胡椒粉、海鲜酱油、
淀粉、鸡蛋和少许植物油拌匀, 放入烧热的油锅内
炸至色泽金黄、熟香, 捞出、沥油。

3 锅内留底油烧热, 下入葱丁、姜片、泰椒、芹菜段、红
椒块、蒜片炒香, 加入料酒、海鲜酱油、鸡精、白糖、
米醋和鸡腿块炒匀, 淋上辣椒油即成。

农家小炒鸡

原料　调料

鸡腿肉400克,青椒、红椒各25克,树椒10克

葱段、姜片、蒜片各10克,精盐、胡椒粉各1小匙,老干妈豆豉、海鲜酱油、料酒、老抽各1大匙,蚝油、淀粉、白糖、植物油各适量

制作

1 鸡腿肉洗净,剁成大块,放入碗内,加入海鲜酱油、料酒、胡椒粉、淀粉抓拌均匀,腌渍片刻;树椒切成小段;青椒、红椒去蒂、去籽,切成小块。

2 净锅置火上,加入植物油烧至五成热,下入鸡腿块煸炒至八分熟,加入姜片、蒜片、老抽、蚝油、白糖、精盐翻炒均匀。

3 加入老干妈豆豉、葱段、青椒块、红椒块、树椒段,用旺火翻炒至入味,出锅装盘即可。

香辣滑鸡煲

原料　调料

净三黄鸡半只, 青椒、红椒各25克, 鸡蛋1个

葱段、姜片、蒜瓣各20克, 料酒、海鲜酱油、蚝油、老干妈豆豉酱各1大匙, 黑胡椒粉少许, 白糖、鸡精各1小匙, 淀粉、植物油各适量

制作

1 青椒、红椒去蒂, 切成小块; 净三黄鸡剁成块, 加入海鲜酱油、料酒、鸡蛋、淀粉、黑胡椒粉拌匀, 腌渍1小时, 放入热油锅内冲炸一下, 捞出、沥油。

2 锅内留底油烧热, 下入姜片、葱段、鸡块、海鲜酱油、蚝油、老干妈豆豉酱、料酒、白糖、鸡精翻炒均匀, 下入青椒块、红椒块炒至鸡块熟嫩, 关火。

3 砂锅置火上, 加入少许植物油烧热, 放入蒜瓣和少许葱段垫底, 倒入炒好的鸡块, 淋上少许料酒焖2分钟, 离火上桌即成。

回锅鸡

原料　调料

鸡腿肉400克，洋葱100克，青椒、红椒各50克

姜片5克，精盐、味精少许，豆瓣酱1小匙，甜面酱1小匙，老抽2小匙，料酒4小匙，植物油适量

制作

1. 将洋葱洗净，切成三角块；青椒、红椒洗净，切成块；鸡腿肉洗净，放入沸水锅内煮5分钟，捞出、沥水。

2. 鸡腿放入容器中，加入老抽拌匀，鸡皮朝下放入热油锅中，煎至两面呈金黄色，取出、沥油，切成小块。

3. 锅中留底油烧热，下入姜片炒香，放入豆瓣酱、甜面酱、精盐、料酒炒匀，放入洋葱块、鸡腿肉块煸炒2分钟，放入青椒块、红椒块、味精翻炒均匀即成。

  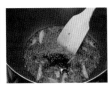 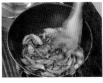

椰香咖喱鸡

原料 调料

净仔鸡半只，净荷兰豆70克，胡萝卜、土豆各50克，红椒条、洋葱各30克，柠檬丝15克

精盐2小匙，味精1小匙，面粉1大匙，咖喱酱4大匙，椰子汁250克，植物油适量

制作

1. 净仔鸡剁成块，放入沸水锅里煮20分钟至断生，捞出、沥水；洋葱洗净，切成丝；胡萝卜、土豆分别去皮，切成块。

2. 净锅置火上，加上植物油烧热，放入面粉炒香，放入胡萝卜块、土豆块、洋葱丝、柠檬丝、咖喱酱、椰子汁炒匀。

3. 加入鸡块焖10分钟至入味，放入红椒条、净荷兰豆、精盐、味精炒匀即可。

鸡火煮干丝

原料　调料

鸡腿1个,豆腐干50克,熟火腿丝25克,水发香菇、冬笋各15克,净虾仁、枸杞子各少许

葱段、姜块各10克,精盐、料酒各适量

制作

1 鸡腿剁成块,放入压力锅内,加入葱段、姜块及清水,上火压15分钟,捞出鸡块,放在容器内;冬笋、水发香菇分别洗净,切成丝;豆腐干切成细丝。

2 将熬煮好的鸡汤滗入锅内烧沸,加入料酒、精盐,放入豆腐干丝煮1分钟,捞出干丝,盛放在鸡块上。

3 原锅内放入冬笋丝、香菇丝稍煮片刻,捞出后放在干丝上;净虾仁放入汤锅内煮至熟,取出,也放在干丝上,撒上熟火腿丝和枸杞子,浇入汤汁即可。

胡萝卜爆三样

原料　调料

鸡胸肉200克,鸡胗、鸡心各100克,胡萝卜75克,青椒圈25克

葱花、姜片、蒜瓣各10克,鸡精、胡椒粉、白糖、水淀粉各少许,老抽、料酒、米醋、酱油各1大匙,海鲜酱油2小匙,蒜蓉辣酱、植物油各适量

制作

1 胡萝卜去皮,切成片;鸡胸肉切成丁;鸡胗去除筋膜,剞上花刀;鸡心洗净,改刀;碗中加入酱油、米醋、鸡精、白糖、老抽、水淀粉调匀成味汁。

2 把鸡肉丁、鸡胗、鸡心放入碗内,加入料酒、海鲜酱油、胡椒粉、水淀粉拌匀,上浆,放入沸水锅内焯烫一下,捞出,用冷水投凉,沥净水分。

3 锅内加入植物油烧热,下入蒜瓣、鸡肉丁、鸡胗和鸡心略炒,加入海鲜酱油、蒜蓉辣酱,放入葱花、姜片、胡萝卜片和青椒圈,烹入味汁翻炒均匀即成。

栗子焖鸡

原料　调料

鸡腿······400克

栗子······150克

葱段、姜片、蒜瓣···各10克

精盐、老抽······各1小匙

豆瓣酱、料酒······各2大匙

白糖、水淀粉······各1大匙

植物油······适量

制作

1　鸡腿收拾干净,剁成小块;栗子放入清水锅内煮至熟,捞出、过凉,剥去外壳,去膜,取栗子肉。

2　净锅置火上,加入植物油烧至六成热,放入葱段、姜片、蒜瓣炝锅出香味,放入鸡腿块,加入豆瓣酱、老抽、料酒翻炒均匀。

3　加入清水、精盐和白糖,放入栗子肉,用中小火烧焖10分钟,用水淀粉勾芡,出锅装盘即可。

看视频学做菜

酸辣鸡丁

原料 调料

鸡腿肉400克,青椒丁、红椒丁各10克,鸡蛋1个

干红辣椒10克,葱花、姜片各5克,精盐、白糖各1小匙,味精、香油各少许,酱油4小匙,米醋、料酒各5小匙,淀粉、植物油各适量

制作

1 鸡腿肉切成丁,加入精盐、酱油、料酒、味精拌匀,磕入鸡蛋搅匀,腌渍10分钟,再加入淀粉拌匀、上浆,放入烧热的油锅内炸至八分熟,捞出、沥油。

2 干红辣椒泡软;取小碗,加入酱油、米醋、料酒、精盐、白糖及少许清水调匀成味汁。

3 锅中加上少许植物油烧热,放入干红辣椒、葱花、姜片炒香,烹入味汁,放入鸡肉丁、青椒丁、红椒丁炒匀,淋上香油,出锅装盘即可。

彩椒炒鸡丁

原料 调料

鸡胸肉250克,彩椒150克,玉米粒50克,水发木耳块25克,鸡蛋清1个

葱末、姜末、蒜片各15克,精盐、胡椒粉、香油各1小匙,料酒、老抽各1大匙,淀粉、水淀粉、植物油各适量

制作

1. 鸡胸肉切成丁,加入少许精盐、料酒、胡椒粉、老抽、鸡蛋清和淀粉拌匀,彩椒去蒂、去籽,洗净,切成丁。

2. 净锅置火上,加入植物油烧热,下入鸡肉丁炒至变色,放入葱末、姜末、蒜片、彩椒丁、水发木耳块翻炒均匀。

3. 倒入玉米粒,加上精盐炒匀,用水淀粉勾芡,淋上香油,出锅装盘即可。

豉椒香干炒鸡片

原料　调料

鸡胸肉350克，香干150克，青椒、红椒各50克，鸡蛋清1个

葱末、蒜末各5克，精盐、味精各1小匙，淀粉、豆豉各2小匙，豆瓣酱、料酒各2大匙，水淀粉、香油各少许，植物油适量

制作

1　青椒、红椒去蒂，洗净，均切成小块；香干切成小片，放入沸水锅中焯烫一下，捞出、沥水；鸡胸肉切成片，加上鸡蛋清、精盐、味精、淀粉拌匀，上浆。

2　净锅置火上，放入植物油烧至五成热，放入鸡肉片滑至变色，捞出、沥油。

3　锅留底油烧热，下入葱末、蒜末炒香，放入豆豉、青椒块、红椒块、料酒、豆瓣酱、味精炒匀，放入鸡肉片和香干片，用水淀粉勾芡，淋上香油即可。

爆锤桃仁鸡片

原料 调料

鸡胸肉400克, 核桃仁100克, 水发木耳50克, 青椒、红椒各30克

葱花、姜片各5克, 精盐1小匙, 味精、胡椒粉各1/2小匙, 料酒1大匙, 淀粉、水淀粉、植物油各适量

制作

1 鸡胸肉片成大厚片, 粘上淀粉, 用擀面杖捶砸成大薄片, 再切成小片; 青椒、红椒洗净, 均切成三角块; 水发木耳去蒂, 洗净, 撕成小朵。

2 锅置火上, 加入清水、少许精盐烧沸, 放入鸡肉片焯烫至变色, 捞出、沥水。

3 锅内加上植物油烧热, 下入葱花、姜片炒香, 放入核桃仁、青椒块、红椒块、木耳炒匀, 加入精盐、胡椒粉、料酒、味精和鸡肉片, 用水淀粉勾芡即可。

145

辣子鸡里蹦

原料 调料

鸡腿肉400克,净虾仁150克,辣椒酥50克

干辣椒、姜片各10克,花椒3克,豆瓣酱、白糖各1小匙,精盐、味精各少许,酱油、淀粉各2小匙,料酒2大匙,植物油适量

制作

1 鸡腿肉切成小丁,加入净虾仁、姜片调匀,再放入料酒、酱油、精盐和味精调匀,腌渍20分钟,拣出腌鸡肉的姜片,加入淀粉和少许植物油拌匀。

2 净锅置火上,加入植物油烧至六成热,放入鸡肉丁、虾仁炸至熟嫩,捞出、沥油。

3 原锅留底油烧热,加入腌鸡肉的姜片炒香,放入豆瓣酱、料酒、精盐、白糖、花椒、鸡肉丁和虾仁煸炒片刻,放入干辣椒和辣椒酥炒匀即可。

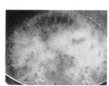

黄油灌汤鸡肉丸

原料 调料

鸡肉末150克,面包糠100克,洋葱末50克,鸡蛋2个

精盐1小匙,味精1/2小匙,黑胡椒粉1/2小匙,面粉2大匙,白兰地酒2小匙,黄油1小块,植物油适量

制作

1 取50克鸡肉末放入粉碎机中,磕入1个鸡蛋,加上黑胡椒粉、白兰地酒、洋葱末搅打成鸡肉泥,倒入碗中,放入剩余的鸡肉末、精盐、味精拌匀成馅料。

2 将黄油切成小丁;小碗中磕入另一个鸡蛋搅打均匀成鸡蛋液。

3 把馅料挤成丸子状,中间放入黄油丁并团成球状,裹匀面粉和鸡蛋液,粘上一层面包糠,放入热油锅中炸至金黄、熟嫩,捞出、沥油,装盘上桌即可。

   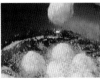

三汁焖鸡翅

原料 调料

鸡翅·····························400克

小葱·····························50克

老抽·····························2小匙

番茄酱·························1大匙

韩式辣酱·····················1/2大匙

蚝油、植物油·····················各适量

制作

1 鸡翅去净绒毛,洗净,表面剞上花刀,剁成大块,放在容器内,加入老抽拌匀;小葱洗净,切成小段。

2 净锅置火上,加入植物油烧至六成热,下入鸡翅块炸至变色,捞出、沥油。

3 锅留底油烧热,下入小葱段、番茄酱炒香,放入鸡翅块、韩式辣酱、蚝油和清水煮沸,用旺火收汁,出锅上桌即可。

泡菜焖鸡翅

原料　调料

鸡翅400克，泡萝卜100克，柠檬50克，枸杞子少许

葱段、姜片、蒜片、泡椒各10克，精盐、鸡精、香油各1小匙，白糖、料酒各1大匙，酱油、老抽、水淀粉各2小匙，植物油2大匙

制作

1　泡萝卜切成小块；泡椒去蒂，切成小块；柠檬切成小瓣；鸡翅表面剞上斜刀，放入碗内，挤上柠檬汁拌匀，加入烧热的油锅内煎至两面上色，捞出、沥油。

2　净锅置火上，加入植物油烧热，下入葱段、姜片、蒜片炒出香味，放入泡萝卜块，加入泡椒块、料酒、酱油、鸡翅、清水、老抽、精盐、鸡精、白糖煮沸。

3　用中小火烧焖至鸡翅熟嫩，撒上枸杞子，用水淀粉勾薄芡，淋上香油，出锅装盘即成。

醪糟腐乳翅

原料 调料

鸡翅中500克, 水发香菇、冬笋各25克

葱段、姜片各10克, 精盐、味精各少许, 醪糟2大匙, 白糖1小匙, 酱油、料酒各1大匙, 腐乳、植物油各适量

制作

1. 鸡翅中洗净, 放在碗内, 加入葱段、姜片、精盐、酱油、料酒、味精拌匀, 腌渍10分钟; 冬笋洗净, 切成小块; 水发香菇去蒂, 表面剞上刀花。

2. 锅中加上植物油烧热, 放入鸡翅中炸至上色, 捞出、沥油; 把冬笋块再放入油锅内冲炸一下, 取出。

3. 锅中留底油烧热, 加入葱段和姜片炝锅, 加入料酒、醪糟、腐乳、酱油、白糖和清水烧沸, 放入鸡翅中、冬笋块、冬菇烧至入味, 转旺火收浓味汁即可。

茶卤鸡翅 ～↘╱▪✕

原料 调料

鸡翅中750克，茶水2杯，
香菜结50克

葱段、姜片、蒜瓣、桂皮各
5克，八角、花椒各少许，
精盐、鸡精、鱼露各1小匙，
酱油2小匙，料酒3大匙，
老抽、白糖各1/2大匙，冰
糖、植物油各1大匙

制作

1 鸡翅中表面剞上斜刀，放入沸水锅内焯烫一下，捞出，换清水漂净；葱段、姜片、蒜瓣放到纱布上，放入掰碎的桂皮、八角、花椒，包裹好成香料包。

2 锅置火上，加入植物油烧至六成热，下入少许葱段、姜片、香菜结煸炒出香味，再烹入料酒，加入老抽煮沸，撇去浮沫和杂质，熬煮成卤水汁。

3 卤水汁锅内加入茶水、香料包、精盐、白糖、鸡精、料酒、冰糖、酱油、鱼露煮至沸，放入鸡翅中，用小火卤至熟，捞出，码放在盘内，淋上少许卤汁即可。

山药煲鸡脚

原料 调料

鸡爪（鸡脚）………250克

猪瘦肉、山药……各125克

花生米………………25克

桂圆、枸杞子……各15克

香菜、香葱………各少许

泰椒圈………………10克

大葱、姜块………各15克

精盐…………………1小匙

海鲜酱油……………1大匙

制作

1 鸡爪剔除爪尖，剁成两半，放入沸水锅内焯烫一下，捞出；猪瘦肉切成块，放入清水锅内焯烫一下，捞出；山药去皮，切成小块；香菜、香葱洗净，切成碎末。

2 大葱、姜块放入砂锅内，放入花生米、桂圆、枸杞子、鸡爪、山药块、瘦肉块和适量热水煮沸，用小火煮30分钟至鸡爪熟嫩，加入精盐调好汤汁口味。

3 取小碗，加入海鲜酱油、泰椒圈、香葱末、香菜末调匀成味汁，与煮好的鸡爪一起上桌蘸食即成。

孜然鸡心

原料 调料

鸡心400克, 香菜50克

红辣椒段10克, 蒜瓣25克, 孜然2小匙、精盐、白糖各1小匙, 辣椒粉、香油各少许, 酱油、料酒各1大匙, 植物油适量

制作

1 鸡心去掉白色油脂, 切成片, 剞上花刀; 香菜取嫩梗, 洗净, 切成小段。

2 锅内加入植物油烧热, 下入鸡心片略炸一下, 捞出; 待锅内油温升高, 再放入鸡片心复炸一下, 捞出、沥油。

3 原锅留底油烧热, 下入蒜瓣和红辣椒段煸炒出香味, 加入辣椒粉、孜然和鸡心片, 放入酱油、料酒、精盐、白糖和香油炒至入味, 撒上香菜梗段炒匀即成。

153

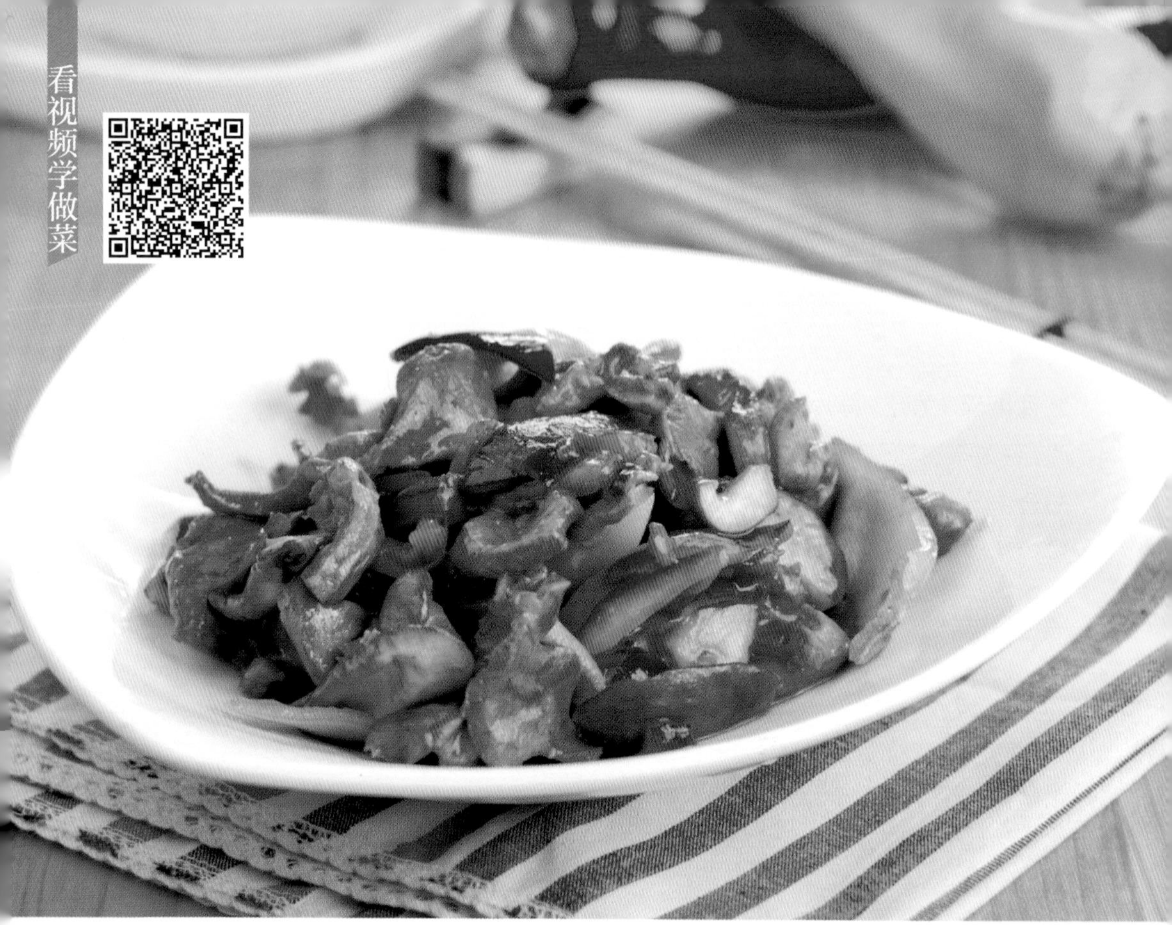

剁椒炒鸡胗

原料　调料

鸡胗350克，青椒、红椒各50克

剁椒10克，葱花、蒜片、姜片各5克，精盐1小匙，生抽2小匙，白糖、蚝油各1大匙，香油少许，植物油2大匙

制作

1 鸡胗洗净，切去边角，撕掉表面筋膜，切成小片，放在容器内，加入精盐、白糖、蚝油拌匀；青椒、红椒去蒂、去籽，洗净，切成小块。

2 净锅置火上，加入植物油烧至六成热，下入鸡胗片翻炒一下，下入葱花、姜片、蒜片炒匀。

3 放入剁椒炒出香辣味，加上青椒块、红椒块稍炒，淋上生抽、香油翻炒均匀，出锅装盘即成。

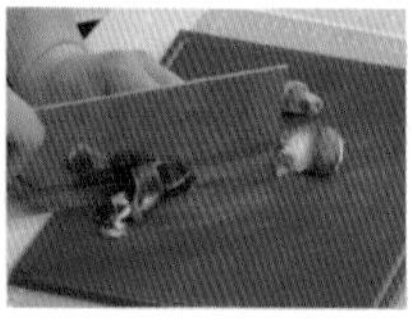
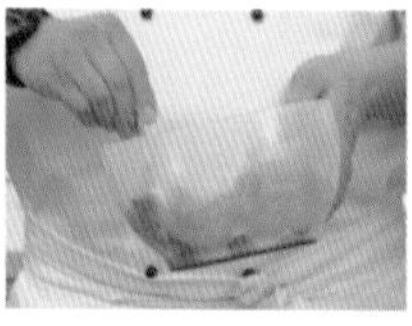
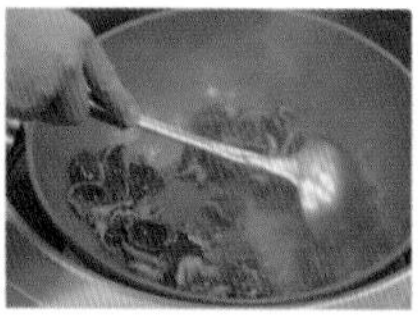
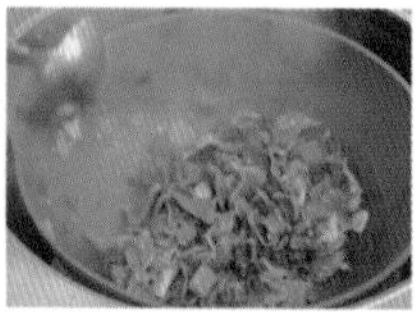

鸡脤爆菜花

原料 调料

鸡脤250克,菜花150克,红椒、青椒各少许

红辣椒碎、葱花、蒜片各5克,豆瓣酱、料酒各1大匙,海鲜酱油2小匙,白糖、水淀粉、香油、植物油各适量

制作

1. 鸡脤洗涤整理干净,切成片;菜花洗净,切成小朵;把鸡脤片、菜花分别放入沸水锅内焯烫一下,捞出、沥水;红椒、青椒洗净,切成小丁。

2. 净锅置火上,加入植物油烧热,下入鸡脤片滑油,捞出;油锅内再下入菜花冲一下,捞出、沥油。

3. 锅中留底油烧热,下入葱花、蒜片、红辣椒碎炒香,放入豆瓣酱、料酒、海鲜酱油、白糖、青椒丁、红椒丁、鸡脤片、菜花炒匀,用水淀粉勾芡,淋上香油即成。

腐乳烧鸭

原料　调料

净鸭子半只，冬笋50克，干香菇15克

葱段、姜片各15克，八角3个，白糖、红曲米各1大匙，腐乳2小块，料酒2大匙，植物油3大匙

制作

1　净鸭子剁成大块；冬笋洗净，切成块；干香菇用清水泡软，去蒂，洗净；锅内加入植物油烧热，下入葱段、姜片煸出香味，再放入鸭块煸干水分，盛出。

2　锅中加上植物油烧热，加入白糖炒成糖色，倒入鸭块、料酒略炒，放入冬笋块、香菇、八角、腐乳、红曲米和清水烧沸，倒入高压锅中压15分钟，盛出。

3　净锅置火上，倒入压好的鸭块，用旺火烧约5分钟至汤汁收浓，出锅上桌即成。

啤酒鸭

原料　调料

鸭肉500克，青椒块、红椒块各50克

大葱、姜块各10克，蒜瓣、八角、南姜、陈皮各少许，精盐、老抽、海鲜酱油、啤酒、白糖、鸡精、胡椒粉、水淀粉、植物油各适量

制作

1. 鸭肉剁成大块，放入沸水锅内焯烫一下，捞出，用凉水冲洗干净；大葱切成段；姜块洗净，切成片。

2. 锅中加入植物油烧热，下入白糖炒成糖色，放入鸭肉块、葱段、姜片、蒜瓣、八角、南姜、陈皮、老抽、海鲜酱油、啤酒、鸡精、精盐、白糖和胡椒粉炒匀。

3. 用中火焖炖至鸭块熟嫩，改用旺火收汁，放入青椒块、红椒块，用水淀粉勾芡，出锅上桌即可。

三香爆鸭肉

原料 调料

鸭腿400克, 香芹段75克, 香干50克, 红椒30克, 香葱丝20克

胡椒粉、白糖、米醋各1小匙, 蚝油2小匙, 料酒、酱油各4小匙, 味精少许, 香油1大匙, 植物油3大匙

制作

1. 鸭腿剔去腿骨, 切成大片, 加入酱油、料酒、蚝油、白糖、香油、胡椒粉拌匀, 腌渍5分钟; 香干切成大片; 红椒切成条。

2. 锅置火上, 加入植物油烧至六成热, 放入鸭腿肉片、香干片爆炒均匀。

3. 放入香葱丝、红椒条、香芹段炒匀, 再烹入米醋略炒, 然后淋上少许香油, 加入味精翻炒至入味, 出锅装盘即可。

梅干菜烧鸭腿

原料　调料

净鸭腿2个，梅干菜100克

大葱、姜块各15克，八角、干辣椒各3克，啤酒1瓶，精盐、水淀粉各2小匙，白糖1大匙，酱油2大匙，植物油适量

制作

1 梅干菜用清水泡发，洗净；姜块切成片、大葱切成段，全部放入烧热的油锅内炝锅，净鸭腿皮朝下放入锅中稍煎，放入梅干菜、干辣椒、八角煸炒。

2 加入酱油、啤酒、精盐、白糖烧沸，倒入高压锅中压15分钟，离火，倒入热锅内，用旺火收浓汤汁。

3 取出梅干菜，放在盘中垫底；捞出鸭腿，剁成条块，码放在梅干菜上；把锅内汤汁用水淀粉勾芡，出锅浇在鸭腿上即可。

五香酥鸭腿

原料 调料

鸭腿3个, 净生菜适量

葱段、姜块各15克, 五香料15克, 精盐、白糖各2小匙, 淀粉、料酒各1大匙, 酱油、黄酱各3大匙, 啤酒、植物油各适量

制作

1. 鸭腿去净绒毛; 葱段、姜块分别洗净, 用刀面拍一下; 黄酱放入碗中, 倒入啤酒调匀成啤酒黄酱。

2. 白糖放入锅内炒至变色, 加入葱段、姜块、精盐、酱油、料酒、五香料、啤酒黄酱和鸭腿烧沸, 倒入高压锅中压10分钟, 离火, 捞出鸭腿, 裹匀淀粉。

3. 净锅置火上, 加入植物油烧至六成热, 放入鸭腿炸至金黄、酥香, 捞出、沥油, 剁成条块, 码放在盛有净生菜垫底的盘内即可。

杭州酱鸭腿

原料　调料

鸭腿……………500克

桂皮、小茴香………各5克

大葱………………15克

姜块………………10克

精盐、味精………各1小匙

白糖………………1大匙

酱油………………4大匙

料酒………………2小匙

制作

1　大葱切成小段；姜块去皮，洗净，切成小片；鸭腿洗涤整理干净，撒上少许精盐揉搓一下，腌渍6小时。

2　锅中加入酱油烧沸，放入清水、桂皮、小茴香、白糖和鸭腿煮约5分钟，关火后浸泡6小时，取出鸭腿，放在通风处晾10小时。

3　将晾好的鸭腿放在盘中，加入料酒、白糖、精盐、味精、葱段、姜片，放入烧沸的蒸锅内蒸30分钟，取出，剁成块，装盘上桌即成。

161

巧拌鸭胗

原料 调料

鸭胗300克, 香椿芽80克, 杏仁60克, 红椒40克

葱段、姜片各10克, 葱丝5克, 精盐4小匙, 米醋4小匙, 味精少许, 料酒2小匙, 橄榄油1大匙

制作

1 鸭胗洗净, 放入高压锅中, 加入葱段、姜片、料酒、精盐及适量清水, 置火上烧沸, 压约15分钟至鸭胗熟嫩, 关火, 冷却后取出鸭胗, 切成薄片。

2 红椒去蒂及籽, 切成细丝; 香椿芽择洗干净, 切成小段; 杏仁去皮, 放入沸水锅内焯烫一下, 捞出、沥水。

3 鸭胗片放入容器中, 加入葱丝、香椿芽段、红椒丝、杏仁拌匀, 再加入橄榄油、米醋、精盐、味精调拌均匀, 装盘上桌即可。

京酱鸡蛋

原料　调料

鸡蛋250克，干豆腐1张，大葱75克，香菜25克

甜面酱2大匙，精盐1/2小匙，白糖、白酒各1大匙，香油少许，植物油适量

制作

1. 大葱去根和老叶，洗净，切成葱丝；干豆腐用热水烫一下，捞出、过凉，切成四方块；香菜去根，洗净，切成小段。

2. 鸡蛋磕入碗内，加入白酒拌匀成鸡蛋液，放入烧热的油锅内翻炒一下，下入甜面酱、精盐、白糖、香油炒匀成京酱鸡蛋。

3. 将大葱丝、干豆腐块、香菜段码放在盘内，随京酱鸡蛋一起上桌卷食即可。

鱼香蒸蛋

原料 调料

鸡蛋300克，猪肉末75克，水发木耳、香葱各15克

姜末、蒜末各10克，精盐1小匙，郫县豆瓣酱2大匙，酱油、白糖、水淀粉各1/2大匙，米醋1大匙，植物油适量

制作

1 香葱、水发木耳洗净，切成碎末；鸡蛋打散成鸡蛋液，用细网过滤，加上精盐和温水拌匀，再次过滤后倒入深盘内，放入蒸锅内蒸至熟成鸡蛋羹。

2 净锅置火上，加入植物油烧至五成热，下入猪肉末煸炒1分钟，下入郫县豆瓣酱炒至上色。

3 放入姜末、蒜末、水发木耳末，加入清水、酱油、白糖烧沸，用水淀粉勾芡，淋上米醋，撒上香葱末，出锅浇淋在鸡蛋羹上即可。

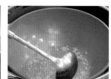

辣豆豉炒荷包蛋

原料　调料

鸡蛋4个，韭菜薹100克，红辣椒50克

蒜瓣10克，精盐1小匙，辣豆豉2小匙，白糖、米醋各少许，植物油2大匙

制作

1. 将韭菜薹择洗干净，切成小段；红辣椒去蒂、去籽，切成丝；蒜瓣去皮，切成片；锅内加入少许植物油烧热，磕入鸡蛋摊成荷包蛋，取出，切成菱形块。

2. 锅中加入植物油烧热，放入辣豆豉炒出香味，下入蒜片、辣椒丝、韭菜薹段快速翻炒几下。

3. 放入切好的荷包蛋块，加入米醋、白糖、精盐炒匀至入味，出锅装盘即可。

黄瓜胡萝卜煎蛋饼

原料 调料

鸡蛋300克, 黄瓜75克, 胡萝卜50克

面粉4大匙, 精盐1小匙, 鸡精1/2小匙, 花椒粉少许, 植物油2大匙

制作

1. 胡萝卜、黄瓜分别洗净, 切成小丁, 放入沸水锅内焯烫一下, 捞出、沥水, 放在容器内, 加入鸡蛋、花椒粉、鸡精、精盐和面粉, 慢慢搅拌均匀成鸡蛋液。

2. 净锅置火上, 加入植物油烧热, 倒入三分之一的鸡蛋液炒至熟, 出锅, 盛在原有的鸡蛋液中搅匀。

3. 净锅复置火上, 加入少许植物油烧至五成热, 倒入搅拌好的鸡蛋液, 用小火煎至色泽金黄、两面成熟成鸡蛋饼, 取出, 切成条块, 装盘上桌即可。

百叶结虎皮蛋

原料 调料

鹌鹑蛋400克, 百叶结150克, 腊肉100克, 青椒圈、红椒圈各25克

蒜瓣10克, 精盐、白糖各2小匙, 胡椒粉1小匙, 酱油、水淀粉各2大匙, 香油少许, 植物油适量

制作

1 鹌鹑蛋放入清水锅内煮至熟, 捞出, 剥去外壳, 加上少许精盐、酱油拌匀; 腊肉刷洗干净, 切成小丁。

2 锅中加入植物油、香油烧热, 放入鹌鹑蛋煎炸呈琥珀色, 加入蒜瓣, 转小火稍煎一下, 放入腊肉丁煎出油, 再加入百叶结炒匀, 加入适量清水烧沸。

3 加入酱油、精盐、白糖和胡椒粉煮匀, 盖上锅盖, 转小火烧焖5分钟, 放入青椒圈、红椒圈, 用水淀粉勾芡, 淋上少许香油, 出锅上桌即可。

煎酿豆腐

原料 调料

豆腐1块,猪肉末150克,水发香菇片、净冬笋片、豌豆粒各25克,鸡蛋1个

葱末、姜末各5克,精盐、香油各少许,淀粉、酱油各2大匙,料酒1大匙,蚝油1/2大匙,白糖、味精、植物油各适量

制作

1 猪肉末加入鸡蛋、豌豆粒、葱末、姜末、料酒、香油、味精、淀粉搅匀成馅料;豆腐切成夹刀块,放入油锅煎至上色,取出,撒上淀粉,酿入馅料成豆腐盒。

2 锅内加上植物油烧热,放入净冬笋片、水发香菇片、精盐、蚝油、酱油、料酒、白糖、味精和清水炒匀成味汁。

3 砂锅置火上,放入豆腐盒,淋上炒好的味汁,用小火炖10分钟即可。

剁椒百花豆腐

原料 调料

豆腐300克，虾仁200克，剁椒30克，鸡蛋清1个

大葱25克，姜末10克，精盐、淀粉各1小匙，料酒1大匙，味精、胡椒粉各少许，香油2小匙，植物油2大匙

制作

1 大葱剁成葱末；豆腐切成薄片，放在盘内，撒上少许葱末、姜末、精盐、味精、胡椒粉和料酒腌渍片刻；虾仁去掉虾线，洗净，用刀背砸成虾蓉。

2 虾蓉、葱末、姜末、鸡蛋清、精盐、胡椒粉、料酒、香油、淀粉放入碗中，拌匀上劲成馅料，团成大小均匀的小丸子，码放在豆腐片上，撒上剁椒。

3 把豆腐放入蒸锅内蒸8分钟，取出，撒上少许葱末，浇上烧至九成热的植物油炝出香味即可。

169

培根回锅豆腐

原料 调料

豆腐300克，培根片150克，青蒜、芹菜、水发木耳、红椒块各25克

精盐、酱油各2小匙，味精、白糖各1小匙，豆瓣酱、料酒各4小匙，黄油适量

制作

1 豆腐切成块，放入热油锅中炸至浅黄色，捞出；培根片切成小块；青蒜、芹菜分别洗净，切成段；水发木耳择洗干净，撕成小朵。

2 净锅置火上，加入黄油烧至熔化，放入培根块炒出香味，取出、沥油。

3 豆瓣酱放入锅内炒出香味，加入精盐、味精、酱油、料酒、白糖和豆腐块烧沸，小火烧至浓稠，放入木耳、芹菜段、青蒜段、培根块和红椒块炒匀即成。

五彩豆腐羹

原料 调料

内酯豆腐200克, 鲜虾100克, 胡萝卜75克, 香菇50克, 青豆15克, 鸡蛋1个

葱花、姜末各15克, 精盐2小匙, 胡椒粉1小匙, 水淀粉1大匙, 植物油少许

制作

1 内酯豆腐切成丁; 鲜虾剥去虾壳, 去除虾线, 切成丁; 胡萝卜去皮, 切成小丁; 香菇去蒂, 切成丁; 鸡蛋磕在碗内搅打成鸡蛋液。

2 锅内加入清水和精盐烧沸, 放入青豆、胡萝卜丁、香菇丁焯烫一下, 再放入虾仁丁略焯, 捞出、沥水。

3 锅内加上植物油烧热, 下入葱花、姜末爆香, 加上清水、青豆、胡萝卜丁、香菇丁、虾仁和豆腐丁, 加入精盐、胡椒粉, 用水淀粉勾芡, 淋上鸡蛋液煮沸即可。

171

看视频学做菜

蚝油豆腐

原料 调料

豆腐……………………400克

五花肉…………………100克

胡萝卜、青椒……各25克

葱花、姜末………各少许

精盐、白糖………各1小匙

蚝油、海鲜酱油…各1大匙

料酒、水淀粉……各2小匙

植物油…………………少许

制作

1 胡萝卜去皮，洗净，切成丁；青椒去蒂、去籽，洗净，切成丁；五花肉剁成细末；豆腐切成块，放入沸水锅内，加入少许精盐焯烫一下，捞出、沥水。

2 锅内加入植物油烧热，下入五花肉末、葱花、姜末炒香，烹入料酒，加入海鲜酱油、蚝油和清水煮沸。

3 放入豆腐块、胡萝卜丁、青椒丁，加入精盐、白糖烧至入味，用水淀粉勾芡，出锅装盘即可。

蛋黄豆腐

原料　调料

豆腐250克，鸭蛋黄75克，香菜25克，香葱15克

精盐1小匙，鸡精1/2小匙，老抽、水淀粉各1大匙，植物油适量

制作

1　豆腐切成小丁，放入沸水锅内焯烫一下，捞出、沥水；香葱洗净，切成小丁；香菜洗净，切成碎末；鸭蛋黄压碎成蓉。

2　净锅置火上，加入植物油烧热，下入鸭蛋黄蓉煸炒出香味，倒入适量清水煮沸。

3　放入豆腐丁，加入老抽、鸡精、精盐调好口味，用水淀粉勾薄芡，出锅，撒上香葱丁、香菜末即可。

五花肉炖豆腐

原料 调料

豆腐250克,五花肉100克,小白菜、胡萝卜各50克

葱花、姜片各10克,精盐、鸡精各少许,胡椒粉1小匙,料酒1大匙,植物油4小匙

制作

1 豆腐切成大块;五花肉去掉筋膜,洗净,切成大片;小白菜去根和老叶,洗净,切成小段;胡萝卜去根、去皮,洗净,切成片。

2 净锅置火上,加入植物油烧热,下入五花肉片、葱花、姜片炒香,烹入料酒。

3 放入豆腐块略炒,加入鸡精、精盐、胡椒粉及适量清水,用小火炖3分钟,下入胡萝卜片、小白菜段煮至熟,出锅上桌即成。

麻婆豆腐鱼

原料 调料

豆腐250克，净草鱼150克，猪肉末75克，鸡蛋1个

香葱花、姜末各15克，蒜片10克，豆瓣酱1大匙，精盐、胡椒粉各1小匙，淀粉、老抽、水淀粉、花椒油、香油、植物油各少许

制作

1 豆腐切成丁，放入清水锅内焯烫一下，捞出、沥水；净草鱼取鱼肉，切成丁，放入容器中，磕入鸡蛋，加入精盐、香油、胡椒粉、淀粉抓匀，腌渍片刻。

2 净锅置火上，加入植物油烧至六成热，下入猪肉末煸炒至变色，下入豆瓣酱、姜末和蒜片炒出香味。

3 加入适量清水、老抽烧沸，放入豆腐丁、鱼肉丁调匀，用中小火烧焖至熟香，用水淀粉勾芡，淋上花椒油，撒上香葱花，出锅装盘即可。

鸡刨豆腐酸豆角

原料 调料

豆腐250克, 猪肉末、酸豆角各100克, 鸡蛋2个

葱末、姜末、青蒜末各15克, 精盐2小匙, 味精少许, 白糖1/2小匙, 酱油1/2大匙, 豆瓣酱2大匙, 香油4小匙, 植物油3大匙

制作

1 酸豆角切成小粒; 豆腐放入容器中抓碎, 磕入鸡蛋, 加入葱末、姜末、精盐、味精和香油拌匀, 放入热油锅内炒匀, 倒入砂锅中, 加入清水, 小火炖5分钟。

2 净锅置火上, 加入少许植物油烧热, 下入猪肉末煸炒至变色, 放入葱末、姜末和豆瓣酱炒匀, 加上酸豆角粒翻炒均匀。

3 加入酱油、少许精盐、白糖和味精调好口味, 淋上香油, 关火后撒上青蒜末拌匀, 盛在炖好的豆腐上, 直接上桌即可。

家常焖冻豆腐

原料　调料

冻豆腐300克,虾仁75克,青椒块、红椒块、胡萝卜片各25克,水发木耳块15克

葱花、姜片、蒜片各10克,精盐、胡椒粉各1小匙,鸡精、白糖各少许,海鲜酱油2大匙,老抽、水淀粉各1大匙,香油、植物油各适量

制作

1 冻豆腐解冻,切成小块,放入沸水锅内煮2分钟,捞出、沥水;虾仁去掉虾线,洗净,放入清水锅内焯烫一下,捞出、沥水;水发木耳块焯水,捞出、沥净。

2 锅中加入植物油烧热,放入葱花、姜片、蒜片炝锅,放入胡萝卜片、青椒块、红椒块翻炒均匀。

3 加入海鲜酱油、水发木耳块、虾仁、冻豆腐块,再加入清水、精盐、鸡精、白糖、胡椒粉、老抽烧焖5分钟,用水淀粉勾芡,淋上香油,出锅上桌即可。

素烧鸡卷

原料 调料

油豆皮200克, 土豆150克, 香菇丝、净金针菇各50克

葱末、姜末各10克, 精盐、味精各2小匙, 甜面酱1小匙、白糖、酱油、料酒、水淀粉、面粉糊各1大匙, 香油、植物油各适量

制作

1 土豆放入锅内煮至熟, 捞出、去皮, 压成泥, 加入净金针菇、香菇丝、葱末、姜末、精盐、料酒、水淀粉搅匀成馅料。

2 油豆皮切成正方形, 放上馅料抹匀, 卷起成卷, 接口处抹上面粉糊封口成素鸡卷, 放入热油锅中煎至上色, 捞出、沥油。

3 锅留底油烧热, 下入料酒、甜面酱、酱油、白糖、味精烧沸, 放入素鸡卷烧2分钟, 用水淀粉勾芡, 淋上香油即可。

烟熏素鹅

原料 调料

油豆皮200克, 水发香菇、冬笋、胡萝卜各30克, 水发木耳15克, 锅巴、茶叶各少许, 锡纸1张

精盐、白糖、胡椒粉、酱油各1小匙, 料酒、水淀粉、香油各1大匙, 植物油适量

制作

1 水发香菇、冬笋、胡萝卜、水发木耳分别洗净, 均切成细丝, 放入热油锅内炒匀, 加入料酒、酱油和精盐, 用水淀粉勾芡, 倒入容器中凉凉成馅料。

2 碗内加入酱油、白糖和清水搅匀, 放入油豆皮浸泡一下, 捞出、沥水, 放上馅料, 卷成卷成素鹅生坯。

3 锡纸包上锅巴、茶叶、白糖、胡椒粉, 放入熏锅内, 架上箅子, 摆上素鹅生坯, 盖上盖, 置火上烧至冒烟, 关火后焖几分钟, 刷上香油, 切成条块即可。

豆皮苦苣卷

原料 调料

豆腐皮200克, 苦苣、猪肉各75克, 净豆芽、鲜蘑菇、香菇丝各50克

精盐、味精各2小匙, 白糖、酱油各1大匙, 蚝油少许, 香油1小匙, 水淀粉、植物油各适量

制作

1. 将猪肉切成细条; 鲜蘑菇去蒂, 洗净; 苦苣择洗干净, 切成段; 豆腐皮切成大片, 平铺在案板上, 放上少许苦苣段卷起成卷, 用牙签串好成豆皮卷。

2. 锅中加上植物油烧热, 放入豆皮卷煎至酥软, 放入猪肉条、香菇丝、鲜蘑菇、酱油及清水烧至入味。

3. 加入精盐、味精、白糖、蚝油, 放入净豆芽烧至熟嫩, 捞出、装盘; 把锅中汤汁烧沸, 用水淀粉勾芡, 淋上香油, 出锅浇在豆皮卷上即可。

尖椒干豆腐

原料 调料

干豆腐250克，五花肉100克，青椒、红椒各30克

葱花、姜片各15克，蒜片10克，精盐1小匙，老抽2小匙，白糖1/2小匙，鸡汁、香油各少许，植物油适量

制作

1 干豆腐切成长条，放入沸水锅内焯烫一下，捞出，换清水洗净，沥水；五花肉切成大片；青椒、红椒去蒂、去籽，洗净，切成小条。

2 净锅置火上，加入植物油烧至六成热，下入五花肉片煸炒至变色，放葱花、姜片、蒜片炒匀，下入青椒条、红椒条和老抽炒香。

3 加入少许清水，下入干豆腐条，加入精盐、白糖、鸡汁翻炒均匀，淋入香油，出锅装盘即可。

Part 4
鱼虾蟹贝

家常水煮鱼

原料 调料

净草鱼1条, 黄豆芽250克, 鸡蛋1个, 芝麻25克

灯笼椒10克, 葱段、姜片、蒜瓣各25克, 八角、桂皮、花椒、辣椒各10克, 精盐、味精各2小匙, 淀粉、料酒各1大匙, 胡椒粉、植物油、香油各适量

制作

1 净草鱼取鱼肉, 片成片, 加入鸡蛋、胡椒粉、精盐、淀粉拌匀; 锅内加油烧热, 下入黄豆芽、料酒、精盐、味精炒熟, 出锅。

2 八角、桂皮、辣椒、花椒放入清水锅内煮至锅内水干, 倒入植物油、香油、葱段、姜片和蒜瓣炸成香辣油。

3 锅中加入清水、精盐烧沸, 倒入鱼片烫熟, 捞出, 放在黄豆芽上, 撒上香辣油中的香料; 香辣油、灯笼椒和花椒放入锅内炸香, 撒上芝麻, 浇到鱼片上即可。

羊汤酸菜番茄鱼

原料　调料

净草鱼1条，羊肉200克，四川酸菜100克，西红柿（番茄）75克，香菜段少许

泡椒末30克，葱段、姜块各15克，精盐少许，胡椒粉1小匙，料酒、植物油各1大匙

制作

1　西红柿去蒂，切成大块；净草鱼切成大块；羊肉放入清水锅中焯烫一下，捞出，再放入清水锅内，加上葱段和姜块烧沸，转小火炖至熟成羊肉汤。

2　锅中加上植物油烧热，下入少许葱段和姜片炒香，再放入四川酸菜和泡椒末炒匀，下入西红柿块炒至软烂，倒入羊肉汤烧沸。

3　加入胡椒粉、精盐、料酒调味，放入草鱼块，用小火炖煮至熟香入味，撒上香菜段，离火上桌即可。

葱油香菌鱼片

原料 调料

净草鱼1条，杏鲍菇、鸡蛋清各1个，青豆15克

葱丝、姜丝各10克，精盐2小匙，味精少许，剁椒、料酒各3大匙，淀粉、水淀粉各1大匙，植物油、花椒油各适量

制作

1. 杏鲍菇用淡盐水浸泡并洗净，捞出，切成大片，放入沸水锅中焯烫一下，捞出、沥水。

2. 净草鱼剔去鱼骨，取净鱼肉，片成片，加入鸡蛋清、淀粉、少许精盐和味精拌匀、上浆，放入沸水锅中焯烫1分钟，关火后再浸烫30秒钟，捞出。

3. 锅中加油烧热，放入葱丝和杏鲍菇炒匀，加上料酒、精盐、味精、青豆和清水烧沸，用水淀粉勾芡，放入草鱼片、剁椒、姜丝和烧热的花椒油即可。

宋嫂鱼羹

原料　调料

草鱼肉250克, 香菇、笋尖各25克, 香葱、香菜末各15克, 枸杞子少许, 鸡蛋2个

姜丝10克, 精盐2小匙, 老抽1小匙, 料酒、米醋各1大匙, 香油1/2小匙, 胡椒粉、鸡精各少许, 水淀粉适量, 植物油4小匙

制作

1 香葱切成细丝; 香菇去掉菌蒂, 切成丝; 笋尖切成细丝; 鸡蛋打入碗中成鸡蛋液; 草鱼肉放入碗内, 放入香葱丝、姜丝和料酒, 放入蒸锅内蒸5分钟, 取出。

2 锅内加入植物油烧热, 下入香葱丝、姜丝炝锅, 放入香菇丝、笋丝略炒, 浇入蒸鱼汤汁, 加入清水、枸杞子, 再把熟鱼肉挑出鱼刺, 放入锅内一同煮制。

3 加入老抽、精盐、鸡精, 用水淀粉勾芡, 加入胡椒粉、米醋、香油, 淋上鸡蛋液, 撒上香菜末即可。

187

辉煌珊瑚鱼

原料　调料

草鱼肉400克,净油菜心50克,熟芝麻少许,鸡蛋1个

葱段、姜块(拍破)各10克,精盐1大匙,胡椒粉1/2小匙,料酒2小匙,浓缩橙汁2大匙,淀粉、水淀粉、植物油各适量

制作

1　草鱼肉片成大片,再切成梳子状,加入精盐、料酒、胡椒粉、鸡蛋、葱段、姜块拌匀,腌渍15分钟,沥去腌汁,均匀地裹上淀粉后抖散,卷成鱼卷。

2　锅中加入植物油烧热,下入鱼卷炸至淡黄色、呈珊瑚状时,捞出、沥油,装入盘中成珊瑚鱼。

3　锅内加入底油烧热,加入浓缩橙汁、适量清水、少许精盐和净油菜心烧沸,用水淀粉勾芡,起锅浇在珊瑚鱼上,撒上熟芝麻即可。

锅包鱼片

原料　调料

净草鱼1条, 话梅25克, 辣椒丝、香菜段各少许

大葱、姜块各15克, 精盐1小匙, 番茄酱、白糖各2大匙, 面粉、淀粉各3大匙, 料酒1大匙, 植物油适量

制作

1　大葱、姜块分别洗净, 切成丝; 话梅用温水浸泡, 取话梅水; 淀粉、面粉、清水和少许植物油放入碗内拌匀成面糊。

2　净草鱼取鱼肉, 片成大片, 加入料酒、精盐拌匀, 加上面糊裹匀, 放入热油锅中炸至金黄、酥脆, 捞出、沥油。

3　话梅水、番茄酱、白糖、精盐和料酒放入锅内炒匀, 放入葱丝、姜丝、辣椒丝、香菜段, 倒入炸好的鱼片快速炒匀即可。

苦瓜鲈鱼汤

原料　调料

鲈鱼1条(约600克), 苦瓜150克, 枸杞子少许, 鸡蛋2个

大葱、姜块各15克, 精盐2小匙, 料酒1大匙, 香油1小匙, 植物油3大匙

制作

1　苦瓜去瓤, 切成薄片; 姜块去皮, 切成小片; 大葱洗净, 切成丝; 鸡蛋磕入碗内, 用筷子搅匀成鸡蛋液。

2　鲈鱼去掉鱼鳞、鱼鳃和内脏, 洗净, 在表面剞上一字花刀, 放入热油锅中略煎一下, 取出。

3　锅中留底油烧热, 加入葱丝、姜片煸香, 放入鸡蛋液煎好, 加入清水、鲈鱼、料酒炖至熟, 加入精盐、香油, 放入苦瓜片和枸杞子稍煮, 出锅上桌即可。

柠香脆皮鱼

原料 调料

净鲈鱼1条, 柠檬1个, 青豆25克

葱段、姜片各10克, 白糖、精盐各2小匙, 番茄酱2大匙, 淀粉、面粉、白葡萄酒各3大匙, 胡椒粉、水淀粉各少许, 植物油适量

制作

1 柠檬取果肉, 切成片、柠檬皮切成细丝; 净鲈鱼洗净, 切成大块, 放在容器内, 加入少许精盐、胡椒粉、白葡萄酒、葱段、姜片搅拌均匀。

2 淀粉、面粉、少许清水和植物油拌匀成糊, 放入鱼块挂匀, 放入油锅内炸至熟, 捞出、沥油, 放在盘内。

3 锅中留底油烧热, 加入清水、柠檬片、胡椒粉、白葡萄酒、番茄酱、白糖、精盐和青豆烧沸, 用水淀粉勾芡, 浇在鱼块上, 撒上柠檬皮丝即可。

油渣蒜黄蒸鲈鱼

原料 调料

净鲈鱼1条, 猪肥肉100克,
蒜黄段75克, 鲜蚕豆50克

葱片、姜片各10克、精盐、
料酒各2小匙, 胡椒粉1小
匙, 味精、酱油、水淀粉各
少许

制作

1 用刀在净鲈鱼背部沿脊骨划两刀, 抹上少许精盐; 鲜
蚕豆用清水洗净; 猪肥肉切成小丁, 放入热锅中, 加
入少许清水, 用小火炸出油脂成油渣, 出锅、装碗。

2 锅中加入清水烧沸, 放入鲈鱼略焯, 捞出、码盘, 撒上
胡椒粉、料酒、味精, 放入蚕豆、少许油渣、葱片和姜
片, 放入蒸锅内蒸10分钟至熟嫩, 出锅。

3 锅中放入油渣、蒜黄段、料酒、酱油、精盐、胡椒粉、
清水烧沸, 用水淀粉勾芡, 出锅浇在鲈鱼上即可。

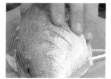

醋酥鲤鱼

原料 调料

鲤鱼1条(约750克),萝卜、海带结各75克

葱段、姜片各25克,香叶、丁香、花椒、陈皮各5克,精盐1小匙,酱油3大匙,料酒2大匙,米醋1瓶

制作

1 鲤鱼去掉内脏(保留鱼鳞),洗净,擦净表面水分;萝卜去皮,洗净,切成丝(或薄片);海带结洗净。

2 姜片垫在电砂锅的底部,放入海带结、萝卜丝,铺上香叶、花椒、陈皮、葱段和丁香,上面放入鲤鱼,倒入米醋,加入酱油、料酒、精盐和适量清水。

3 盖上锅盖,用中挡焖6小时至鲤鱼酥香,关火后凉凉,取出鲤鱼、萝卜丝和海带结,码盘上桌即可。

五柳糖醋鱼

原料　调料

净鲤鱼1条，青椒丝、红椒丝、笋丝、香菜段各少许

葱丝、姜丝各10克，精盐2小匙，白糖、米醋各4大匙，酱油1小匙，料酒2大匙，淀粉、水淀粉、植物油各适量

制作

1　淀粉加上清水、少许植物油搅匀成淀粉糊；净鲤鱼剞上花刀，加上精盐、料酒腌渍15分钟，挂匀一层淀粉糊，放入热油锅内炸至酥脆，捞出、装盘。

2　锅中留底油烧热，下入葱丝、姜丝、笋丝、青椒丝、红椒丝、香菜段炒出香味。

3　烹入料酒，加入米醋、酱油、精盐、白糖、清水烧煮至沸，用水淀粉勾芡，出锅浇在鲤鱼上即可。

避风塘带鱼

原料　调料

净带鱼500克, 青椒、红椒各1个

蒜蓉75克, 花椒水2大匙, 精盐、白糖各2小匙, 料酒、黑豆豉各2大匙, 味精少许, 淀粉、植物油各适量

制作

1. 净带鱼切成大块, 加上花椒水、料酒及精盐拌匀, 腌渍10分钟, 擦净水分, 裹匀一层淀粉; 青椒、红椒去蒂及籽, 洗净, 切成椒圈。

2. 净锅置火上, 加上植物油烧热, 放入带鱼块炸至酥脆, 捞出; 蒜蓉放入油锅中炸呈金黄色, 捞出蒜蓉。

3. 锅中留少许炸蒜蓉的油烧热, 倒入黑豆豉煸炒出香味, 加入料酒、白糖、精盐和味精炒香, 放入青椒圈、红椒圈、蒜蓉和带鱼块炒匀, 出锅装盘即可。

糖醋带鱼

原料 调料

带鱼400克，青红椒、洋葱、香葱各25克

葱段、姜片、蒜瓣各10克，淀粉、料酒、米醋各1大匙，生抽、鸡精各少许，白糖、植物油各适量

制作

1. 青红椒、洋葱、香葱分别择洗干净，均切成丁；带鱼去掉鱼头和内脏，洗净，剁成大段，撒上淀粉，放入油锅内煎炸至刚熟，出锅。

2. 锅中留少许底油，复置火上烧热，下入葱段、姜片和蒜瓣炝锅，下入带鱼段略煎，烹入料酒。

3. 加入青红椒丁、洋葱丁、米醋、生抽、白糖、鸡精烧5分钟至入味，离火，取出带鱼段，码放在盘中，淋上锅内的汤汁，撒上香葱丁即可。

松子焖黄鱼

原料 调料

净黄鱼1条，松子仁75克，冬笋50克，青椒、红椒各25克

八角、花椒、葱花、姜片、蒜瓣各少许，精盐1小匙，酱油、料酒各1大匙，白糖、米醋各2小匙，蒜蓉辣酱、植物油、水淀粉、面粉各适量

制作

1 净黄鱼表面剞上斜刀，粘上面粉，放入油锅内煎至干香，出锅；冬笋、青椒、红椒分别洗净，切成丁；把松子仁放入温油锅内炸至变色，捞出、沥油。

2 锅内留少许底油烧热，用姜片、八角和花椒炝锅，加入料酒、米醋、蒜蓉辣酱炒出香辣味，加入清水、冬笋丁、蒜瓣、黄鱼和少许松子仁煮至沸。

3 加入白糖、精盐和酱油烧20分钟，捞出黄鱼，码放在盘中；锅内汤汁放入青椒丁、红椒丁，用水淀粉勾芡，淋在黄鱼上，撒上葱花、松子仁即可。

剁椒黄鱼

原料　调料		制作
黄鱼……………………1条		**1** 黄鱼去掉鱼鳞、鱼鳃，从脊背处片开，去掉内脏，洗净后擦净水分，把料酒均匀涂抹在黄鱼上；香葱去根和老叶，洗净，切成香葱花。
剁椒…………………100克		
香葱……………………25克		**2** 将黄鱼放入蒸锅内，撒上剁椒，用旺火蒸约10分钟至熟，取出黄鱼，撒上香葱花。
料酒……………………1大匙		
蒸鱼豉油………………4小匙		**3** 锅内加入植物油烧至九成热，出锅浇在剁椒黄鱼上；热锅中下入蒸鱼豉油烧沸，淋在黄鱼上即可。
植物油…………………2大匙		

川芎白芷炖鱼头

原料　调料

胖头鱼头1个，红枣25克，川芎、白芷各10克

大葱、姜块各15克，精盐2小匙，植物油1大匙

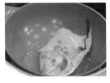

制作

1　胖头鱼头去掉鱼鳃，用清水洗净，去除鱼头残余的鱼鳞片；姜块洗净，切成大片；大葱去根和老叶，洗净，切成小段。

2　净锅置火上，加入植物油烧热，放入鱼头煎至两面定型，再加入清水烧沸。

3　放入白芷、葱段、红枣、川芎、姜片煮20分钟，撇去表面的浮沫，挑出葱、姜不用，加入精盐调味，出锅装碗即可。

胖头鱼氽丸子

原料　调料

胖头鱼尾300克，猪五花肉75克，菠菜50克，韭菜15克，鸡蛋清1个

葱末、姜末各5克，精盐、花椒粉、鸡精各1小匙，白胡椒粉少许，料酒、花椒水各1大匙，淀粉、香油各适量

制作

1　菠菜去根和老叶，洗净，切成小段；韭菜去根，洗净，切成碎末；猪五花肉洗净，剁成肉蓉。

2　胖头鱼尾取净鱼肉剁成蓉，加入五花肉蓉、葱末、姜末、花椒粉、料酒、花椒水、精盐、鸡精、白胡椒粉、香油、鸡蛋清和淀粉拌匀，团成鱼肉丸子生坯。

3　锅内加入清水烧沸，下入鱼肉丸子生坯、鸡精、精盐、白胡椒粉煮至熟，放入菠菜段煮2分钟，出锅倒在大汤碗内，淋上香油，撒上韭菜碎即可。

龙池荷包鲫鱼

原料 调料

净鲫鱼1条（约重300克），猪肉末200克

香葱花、葱段、姜块、蒜瓣各15克，姜末10克，精盐、白糖各1小匙，鸡精、胡椒粉各少许，料酒、米醋、生抽、老抽、水淀粉、淀粉、香油、植物油各适量

制作

1 猪肉末加入姜末、精盐、鸡精、胡椒粉、料酒、淀粉拌匀，酿入净鲫鱼鱼腹内，在鲫鱼身上抹上精盐、淀粉，放入油锅内煎至熟嫩，捞出。

2 锅内留底油烧热，下入葱段、姜块、蒜瓣炒香，加入料酒、米醋、生抽、老抽和清水煮至沸，放入鲫鱼，加入白糖、鸡精烧15分钟，捞出鲫鱼，装入盘中。

3 锅中汤汁去除配料，用水淀粉勾芡，淋上香油，出锅浇在鲫鱼上，撒上香葱花即可。

看视频学做菜

鲫鱼冬瓜汤

原料 调料

鲫鱼300克, 冬瓜200克, 香菜末25克

葱段10克, 姜块15克, 料酒1大匙, 精盐2小匙, 植物油适量

制作

1 鲫鱼收拾干净, 放入清水锅内焯烫一下, 取出, 刮净鱼皮表面的黑膜, 擦干水分, 再放入油锅内煎至表面变色, 取出; 冬瓜去皮、去瓤, 洗净, 切成小片。

2 锅中加入适量清水烧沸, 放入鲫鱼、葱段、姜块, 加入料酒煮至沸, 撇去表面浮沫, 盖上锅盖, 用旺火煮约10分钟。

3 下入冬瓜片, 待冬瓜片煮呈半透明状时, 捞出葱、姜不用, 加入精盐调好口味, 撒上香菜末即可。

香炸鳕鱼块

原料　调料

鳕鱼300克,鸡蛋2个

淀粉、面粉各2大匙,泡打粉1小匙,精盐、鸡精各2小匙,白胡椒粉少许,料酒、生抽各2大匙,番茄酱、香油、植物油各适量

制作

1 鳕鱼剔除鱼刺,去掉鱼皮,洗净,切成小块,放入容器内,加入料酒、生抽、精盐、鸡精、白胡椒粉、香油搅拌均匀,腌渍20分钟。

2 鸡蛋磕在碗内打散,加入淀粉、面粉、泡打粉搅拌均匀成鸡蛋糊,放入鳕鱼块拌匀。

3 净锅置火上,加入植物油烧至六成热,放入鳕鱼块炸至色泽金黄、酥香,捞出、装盘,带番茄酱一起上桌即成。

麻辣鳕鱼

原料 调料

鳕鱼300克

葱段、姜片各15克，蒜瓣、花椒、树椒段各10克，精盐1小匙，料酒、豆瓣酱各1大匙，米醋、胡椒粉各少许，淀粉、水淀粉各2大匙，植物油适量

制作

1 鳕鱼去除黑膜，洗净，切成小块，加入精盐、料酒、胡椒粉、淀粉拌匀，放入烧至六成热的油锅内冲炸一下，捞出、沥油。

2 锅中留少许底油，复置火上烧热，加入豆瓣酱、树椒段、花椒、葱段、姜片、蒜瓣炒出香辣味。

3 加入清水，倒入鳕鱼块，加入料酒、米醋、精盐烧焖2分钟，用水淀粉勾芡，旺火翻炒均匀即可。

茄汁鲭鱼

原料 调料

净鲭鱼400克, 西红柿 (番茄) 100克

葱段、姜块、蒜瓣各10克, 番茄沙司2大匙, 酱油、米醋各1大匙, 白糖、精盐各1小匙, 胡椒粉、植物油各适量

制作

1 将精盐涂抹在净鲭鱼上, 放入烧热的油锅内煎至上色, 出锅; 西红柿洗净, 去蒂, 切成小块。

2 净锅置火上, 加入植物油烧热, 下入葱段、姜块、蒜瓣炝锅出香味, 下入西红柿块和鲭鱼炒香。

3 加入番茄沙司、酱油、米醋、白糖、精盐、胡椒粉和适量清水调匀, 离火, 倒入压力锅内压5分钟至熟香, 用旺火收浓汤汁, 出锅装盘即可。

205

酥醉小平鱼

原料　调料

小平鱼500克, 红椒圈20克

大葱、姜块各10克, 精盐1小匙, 花椒少许, 味精1/2小匙, 五香粉4小匙, 白糖1大匙, 米醋2小匙, 酱油、料酒、植物油各适量

制作

1. 大葱择洗干净, 切成细丝; 姜块去皮, 切成小片; 平鱼洗涤整理干净, 表面剞上斜刀, 放入容器内, 加入花椒、精盐、味精、料酒、姜片、葱丝腌渍20分钟。

2. 锅中加入适量清水、花椒、五香粉、酱油、白糖、米醋烧沸, 再加入料酒、少许葱丝、姜片、红椒圈熬煮至汤汁剩余一半成味汁, 关火。

3. 锅中加上植物油烧热, 放入小平鱼炸酥, 取出, 放入味汁中浸泡5分钟, 捞出、装盘, 撒上红椒圈即可。

辣豉平鱼

原料 调料

净平鱼1条，猪五花肉75克，
冬笋50克，青蒜末15克

葱段、姜片各10克，蒜瓣
5克，白糖、精盐各1小匙，
豆瓣酱3大匙，豆豉、料酒
各2大匙，米醋、酱油各1大
匙，植物油适量

制作

1　净平鱼剪去鱼鳍，表面剞上菱形花刀，放入热油锅
中炸至上色，捞出、沥油；冬笋去皮，洗净，切成丁；
猪五花肉洗净，切成丁。

2　净锅置火上，加上少许植物油烧热，加入葱段、姜
片、蒜瓣和猪肉丁炒香，放入冬笋丁、豆豉稍炒。

3　加入豆瓣酱、料酒、酱油、精盐、白糖、米醋、清水
和平鱼烧10分钟，取出平鱼，放入大盘中；锅内汤
汁用旺火收浓，撒入青蒜末，淋在平鱼上即可。

煎蒸银鳕鱼

原料 调料

冷冻银鳕鱼⋯⋯⋯⋯250克

小红尖椒⋯⋯⋯⋯⋯25克

香菜⋯⋯⋯⋯⋯⋯⋯10克

葱丝、姜丝⋯⋯⋯各10克

精盐、料酒⋯⋯⋯各2小匙

味精、胡椒粉⋯⋯各少许

酱油、白糖⋯⋯⋯各1大匙

淀粉、植物油⋯⋯各适量

制作

1 小红尖椒去蒂，切碎；香菜洗净，切成小段；冷冻银鳕鱼化冻，撒上淀粉；精盐、酱油、料酒、胡椒粉、白糖、味精放入小碗内调拌均匀成味汁。

2 净锅置火上，加上植物油烧热，加入银鳕鱼稍煎一下，取出银鳕鱼，放入蒸锅内旺火蒸5分钟，出锅。

3 将调好的味汁淋在银鳕鱼上，葱丝、姜丝、香菜段、红尖椒碎拌匀，撒在银鳕鱼上，淋上烧热的植物油炝出香味，直接上桌即可。

蒜烧鳝鱼

原料　调料

鳝鱼2条(约400克)，冬笋100克，青椒、红椒各50克

姜末10克，蒜瓣50克，精盐2小匙，味精1小匙，胡椒粉、白醋各少许，白糖1大匙，酱油2大匙，料酒、水淀粉、植物油各适量

制作

1　鳝鱼洗涤整理干净，切成小段，放入热油锅内冲炸一下，捞出；冬笋去皮，切成片；青椒、红椒去蒂及籽，切成小块。

2　锅内加上植物油烧热，下入蒜瓣、姜末炒香，加上冬笋片、青椒块、红椒块略炒，烹入料酒，加入酱油和鳝鱼段炒匀。

3　加入精盐、味精、胡椒粉、白糖烧至入味，用水淀粉勾芡，淋上白醋即可。

炝拌明太鱼干

原料 调料

明太鱼干200克, 胡萝卜、黄瓜各50克, 洋葱、香菜各30克, 芝麻15克

蒜末10克, 韩式辣酱、海鲜酱油各1大匙, 米醋、辣椒油各2小匙, 精盐、白糖各1小匙, 鸡精少许

制作

1 将明太鱼干撕成丝, 用温水浸泡几分钟, 沥净水分, 放在大碗内; 胡萝卜去皮, 切成细丝; 香菜择洗干净, 切成小段; 洋葱剥去外层老皮, 切成丝。

2 黄瓜洗净, 切成细丝; 把韩式辣酱、米醋、海鲜酱油放在小碗内拌匀成味汁。

3 在盛有明太鱼丝的碗内放入胡萝卜丝、香菜段、洋葱丝、黄瓜丝和蒜末, 再加入味汁、白糖、精盐、鸡精、辣椒油、芝麻搅拌均匀, 装盘上桌即可。

 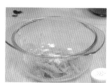  

鱼子炖粉条

原料　调料

鱼子300克，水发粉条150克，青蒜段30克，红尖椒15克，鸡蛋2个

葱段、姜片各15克，八角2粒，精盐、胡椒粉、味精、酱油、料酒、甜面酱、白糖、香油、植物油各适量

制作

1　水发粉条切成小段；红尖椒洗净，切成小段；鱼子放入碗中，磕入鸡蛋，加上料酒、胡椒粉搅拌均匀，放入烧热的油锅内煎至八分熟，出锅。

2　锅中留少许底油烧热，放入葱段、姜片、八角略炒，加入料酒、酱油、甜面酱及清水烧沸，放入煎好的鱼子，加入胡椒粉、白糖、精盐和味精。

3　放入水发粉条段，用中火炖约5分钟至熟香，撒上红尖椒段、青蒜段，淋上香油，出锅装盘即可。

木耳熘黑鱼片

原料 调料

净黑鱼1条, 水发木耳25克,
枸杞子15克, 鸡蛋清1个

姜末10克, 精盐、白糖各1
小匙, 水淀粉、淀粉各少
许, 香糟卤、植物油各适量

制作

1 净黑鱼剔去鱼骨, 取净黑鱼肉, 放入水中, 加上冰块浸泡, 捞出, 切成大片, 加入姜末、精盐、白糖、淀粉和鸡蛋清拌匀, 腌渍入味; 水发木耳撕成块。

2 净锅置火上, 加入适量清水煮沸, 放入黑鱼肉片烫至熟嫩, 捞出鱼片, 沥水, 码放在盘内。

3 净锅置火上, 加上植物油烧至六成热, 下入姜末炒香, 加入枸杞子、水发木耳块、香糟卤、精盐、白糖熬至浓稠, 用水淀粉勾芡, 浇淋在鱼片上即可。

巧拌鱼丝

原料 调料

烤鱼片100克，胡萝卜50克，香菜25克，熟芝麻20克，青椒、红椒各15克

辣椒碎30克，味精、香油各1小匙，白糖1大匙，柠檬汁5小匙，番茄酱、植物油各适量

制作

1. 取小碗，放入番茄酱、辣椒碎拌匀，再倒入烧热的植物油炸香成辣椒油。

2. 把烤鱼片切成（或撕成）丝；胡萝卜洗净，去皮，切成细丝；香菜择洗干净，切成小段；青椒、红椒分别去蒂、去籽，洗净，均切成细丝。

3. 把烤鱼丝、胡萝卜丝、香菜段、青椒丝、红椒丝放入大碗中，加入熟芝麻、白糖、柠檬汁拌匀，倒入炸好的辣椒油，加入味精、香油调拌均匀，装盘上桌即可。

213

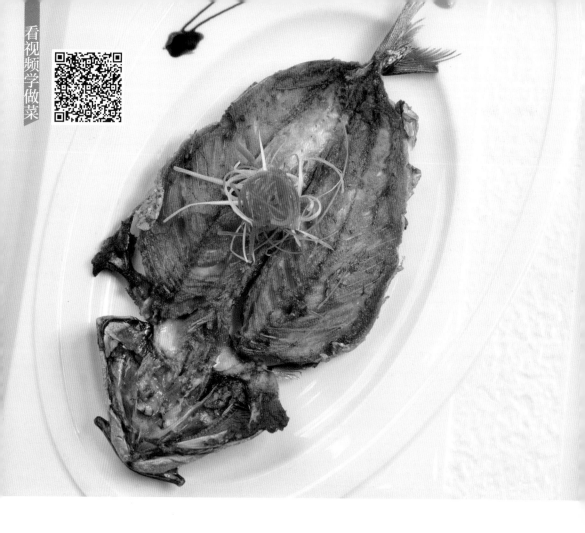

香煎鲅鱼

原料　调料

鲅鱼400克, 香菜段15克, 鸡蛋黄1个

香葱丝10克, 精盐1小匙, 料酒1大匙, 花椒粉、鸡精、胡椒粉各少许, 香油、淀粉各2小匙, 植物油适量

制作

1. 鲅鱼从腹部片开, 去除鱼刺; 空盘内放入料酒、精盐、鸡精、胡椒粉、香油、花椒粉调匀成汁, 放入鲅鱼略腌。

2. 把鸡蛋黄放入大碗中搅拌均匀成蛋黄液, 均匀涂抹在鲅鱼上, 再把鲅鱼粘上一层淀粉。

3. 净锅置火上, 加入植物油烧热, 下入鲅鱼煎至熟, 捞出、沥油, 码放在盘内, 撒上香葱丝、香菜段点缀即成。

鲇鱼炖茄子

原料 调料

净鲇鱼1条，茄子1个，猪五花肉50克

蒜瓣25克，姜片15克，八角3粒，料酒、酱油、黄酱各1大匙，白糖2小匙，胡椒粉少许，植物油2大匙

制作

1. 净鲇鱼放入沸水锅内焯烫一下，捞入冷水盆内，刮去表面的黏膜，再剁几刀；茄子去蒂、去皮，切成厚片，在表面剞上花刀；猪五花肉切成薄片。

2. 锅中加上植物油烧热，下入姜片和蒜瓣爆香，放入八角、猪肉片煸炒片刻，放入茄子片略炒，出锅。

3. 锅中加上少许植物油烧热，放入黄酱、料酒、酱油、白糖、胡椒粉炒匀，放入炒好的茄子，加入适量清水和鲇鱼，转小火炖20分钟至熟，出锅上桌即可。

螃蟹蒸蛋

原料 调料

螃蟹⋯⋯⋯⋯⋯250克
鸡蛋⋯⋯⋯⋯⋯4个
葱花⋯⋯⋯⋯⋯15克
白酒⋯⋯⋯⋯⋯少许
蒸鱼豉油⋯⋯⋯⋯适量

制作

1 螃蟹放在容器内，倒入白酒稍腌，用锅铲将螃蟹拍晕，把螃蟹刷洗干净，放入大盘中，放入蒸锅内蒸5分钟，取出，滗出蒸螃蟹汤汁，加入少许温水拌匀。

2 大碗中磕入鸡蛋，打散成鸡蛋液，加入螃蟹汁调匀，取一半倒入深盘内，上屉旺火蒸5分钟成鸡蛋羹。

3 将螃蟹放在鸡蛋羹上，倒入剩余的鸡蛋液，继续上屉蒸5分钟，取出，撒上葱花，浇上蒸鱼豉油即可。

麻辣水煮虾

原料 调料

草虾400克, 净豆芽150克, 香菜末25克, 芝麻少许

葱末、姜末各15克, 蒜末、花椒、树椒段各10克, 精盐、料酒各2小匙, 韩式辣酱2大匙, 白糖1小匙, 胡椒粉少许, 植物油适量

制作

1. 草虾剥去虾壳, 去除虾线, 加入料酒、精盐、胡椒粉抓匀; 净豆芽放入油锅内炒至熟, 捞出, 放入容器内; 把花椒、树椒段放入油锅内炒香, 出锅。

2. 净锅置火上, 加入植物油烧热, 加入蒜末、韩式辣酱炒香, 加入清水、白糖、精盐、料酒煮沸, 下入草虾煮至熟, 捞出草虾, 放在盛有豆芽的容器内。

3. 容器内再放入蒜末、姜末、葱末, 倒入树椒段和花椒, 淋上烧热的植物油, 撒上香菜末和芝麻即可。

茄汁焖大虾

原料 调料

大虾·················400克

大葱·················15克

姜块·················10克

番茄酱···············2大匙

精盐·················2小匙

白糖·················4小匙

植物油···············适量

香油·················少许

制作

1 大虾剪去虾须、虾枪，剔去虾线；大葱择洗干净，切成小段，从中间破开；姜块去皮，切成小片。

2 净锅置火上，加入植物油烧至六成热，下入葱段、姜片炝锅出香味，放入大虾稍煎，加入番茄酱、白糖、精盐和适量清水煮沸。

3 用中火焖至大虾熟香，改用旺火收浓汤汁，边收边把汤汁不断地淋到大虾上，淋上香油，出锅装盘即可。

干锅香辣虾

原料 调料

青虾300克, 土豆150克, 香菜段25克

葱段20克, 姜片15克, 蒜片10克, 辣椒酱2大匙, 白糖2小匙, 植物油适量

制作

1 土豆去皮, 切成小条, 放入烧热的油锅内炸至变色, 捞出、沥油。

2 青虾去除虾脚、虾须, 剔去虾线, 用清水洗净, 放入烧至六成热的油锅内炸至变色, 取出、沥油。

3 锅留少许底油烧热, 下入葱段、姜片、蒜片炝锅, 加入辣椒酱和白糖, 下入炸好的青虾和土豆条炒匀, 撒上香菜段即可。

富贵芝麻虾

原料 调料

大虾400克, 芝麻100克, 鸡蛋1个

精盐1小匙, 白糖2小匙, 胡椒粉1/2小匙, 香油2小匙, 淀粉2大匙, 番茄酱、植物油各适量

制作

1. 大虾去掉虾头, 剥去外壳(留虾尾), 去除虾线, 用刀背将大虾肌肉轻轻斩断, 放在容器内, 加入精盐、白糖、胡椒粉、香油拌匀。

2. 鸡蛋磕在碗内, 加入淀粉拌匀成鸡蛋糊; 大虾先粘上淀粉, 裹匀鸡蛋糊, 最后粘上芝麻成芝麻虾生坯。

3. 净锅置火上, 加入植物油烧至五成热, 下入芝麻虾生坯炸至色泽金黄、酥熟, 捞出、沥油, 码放在盘内, 配番茄酱一起上桌即可。

江南盆盆虾

原料 调料

河虾300克，香菜、熟芝麻各少许

小葱15克，味精少许，胡椒粉1小匙，酱油2大匙，蚝油2小匙，料酒1大匙，植物油适量

制作

1 将河虾放入淡盐水中浸洗干净，捞出、沥水；小葱、香菜分别洗净，切成细末；碗内加入胡椒粉、料酒、酱油、味精、蚝油及适量清水拌匀成味汁。

2 锅中加入少许植物油烧至六成热，烹入调好的味汁烧沸，出锅，倒入容器内。

3 净锅置火上，加上植物油烧热，放入河虾炸至酥脆，出锅，加上小葱末、香菜末拌匀，倒入盛有味汁的容器内，撒上熟芝麻拌匀，装盘上桌即可。

熘虾段

原料　调料

大虾300克，彩椒75克，洋葱50克，鸡蛋1个

姜片、蒜片各15克，精盐2小匙，白糖、淀粉各1大匙，胡椒粉1/2小匙，香油、水淀粉各少许，植物油适量

制作

1. 大虾取净虾肉，放在容器内，加入白糖、精盐、胡椒粉、香油调匀，磕入鸡蛋，加入淀粉拌匀；彩椒、洋葱分别洗净，均切成小块。

2. 锅中加入植物油烧至五成热，下入虾肉冲炸一下，捞出；待锅内油温升高后，放入虾肉炸至酥脆，捞出。

3. 锅内留少许底油烧热，下入姜片、蒜片、彩椒块、洋葱块炒香，加入精盐、白糖和少许清水翻炒一下，用水淀粉勾薄芡，倒入虾肉翻炒均匀即可。

川汁烧虾球

原料　调料

大虾400克

葱末、姜末、蒜末各10克，精盐、鸡精各1小匙，胡椒粉少许，豆瓣酱2大匙，番茄酱、白糖各1大匙，料酒、水淀粉各2小匙，植物油适量

制作

1 大虾去除虾头、虾壳、虾线，从背部片开，将虾尾部从虾腹中穿入成虾球，加入料酒、精盐、鸡精、胡椒粉、水淀粉拌匀，腌渍10分钟。

2 净锅置火上，加入植物油烧至四成热，放入大虾球冲炸至变色，捞出、沥油。

3 锅内留少许底油烧热，下入葱末、姜末、蒜末、豆瓣酱炒出香辣味，加入番茄酱、鸡精和白糖烧沸，放入大虾球翻炒均匀，出锅装盘即可。

芙蓉虾仁

原料 调料

虾仁200克,鸡蛋清4个,牛奶100克,青豆25克

葱段、姜片各10克,精盐、料酒、淀粉各2小匙,味精1小匙,水淀粉1大匙,植物油2大匙

制作

1 虾仁去掉虾线,加入少许精盐、淀粉、料酒拌匀,腌渍20分钟,再放入沸水锅内焯烫至熟,捞出、沥水;青豆洗净、沥水。

2 葱段、姜片、鸡蛋清放入粉碎机内搅打均匀,加入牛奶、精盐调匀成芙蓉汁。

3 锅内加入植物油烧热,倒入芙蓉汁推炒均匀,加入青豆和味精,用水淀粉勾芡,放入熟虾仁炒匀,出锅装盘即可。

香芹虾饼

原料　调料

虾仁200克, 芹菜50克,
胡萝卜25克, 鸡蛋1个

淀粉2小匙, 精盐1小匙,
味精、胡椒粉各少许, 葱姜
汁、料酒各1大匙, 水淀粉、
植物油各适量

制作

1. 芹菜、胡萝卜分别洗净, 切成小条; 虾仁去掉虾线,
用刀背砸成蓉, 放入容器内, 磕入鸡蛋, 加上胡椒
粉、淀粉、精盐、葱姜汁和料酒搅拌均匀成虾蓉。

2. 净锅置火上, 加入植物油烧热, 放入虾蓉煎成虾
饼, 呈金黄色时取出, 凉凉, 切成小条。

3. 锅内加上少许植物油烧热, 放入芹菜条、胡萝卜条稍
炒, 加入料酒、精盐、味精、清水和胡椒粉炒匀, 用水
淀粉勾芡, 放入虾饼条翻炒均匀, 出锅上桌即成。

炸煎虾

原料 调料

大虾400克,荸荠50克,尖椒碎10克

葱丝、姜丝、蒜片各5克,精盐、味精、白糖各1小匙,料酒1大匙,胡椒粉、香油各少许,淀粉、植物油各适量

制作

1. 荸荠洗净,切成片;大虾去掉虾头、虾壳、虾线,每只大虾切成两半,加入料酒、味精、精盐和胡椒粉腌渍入味,再加入淀粉和少许清水搅拌均匀。

2. 葱丝、姜丝、蒜片、料酒、精盐、白糖、香油、胡椒粉放入小碗内调匀成味汁。

3. 净锅置火上,加入植物油烧热,放入大虾炸至金黄色,滗出锅内植物油,烹入味汁,加上荸荠片、尖椒碎翻炒均匀,装盘上桌即可。

菠萝荸荠虾球

原料 调料

净虾肉400克，净菠萝100克，净荸荠50克，青椒丝25克，鸡蛋清1个

姜末10克，精盐2小匙，白糖、白醋各1大匙，胡椒粉、葡萄酒各少许，番茄酱3大匙，淀粉2大匙，水淀粉2小匙，植物油适量

制作

1 净荸荠拍成碎末；净菠萝切成小块；净虾肉放入搅拌器内，加入鸡蛋清、精盐、葡萄酒打碎成虾泥，再加入荸荠碎、淀粉搅匀成虾蓉。

2 净锅置火上，加入植物油烧至五成热，将虾蓉捏成球状，放入油锅内炸至色泽金黄，捞出虾球。

3 锅内放入番茄酱、葡萄酒炒香，加入白糖、白醋、姜末、精盐、胡椒粉、清水、菠萝块、青椒丝略炒，用水淀粉勾芡，放入虾球翻炒均匀，出锅上桌即可。

金丝虾球

原料　调料		制作

原料　调料

虾仁·················300克

土豆·················100克

净荸荠···············25克

鸡蛋·················1个

沙拉酱···············2大匙

精盐、料酒··········各2小匙

胡椒粉···············少许

植物油···············适量

制作

1 土豆去皮，洗净，擦成丝；净荸荠拍成末；虾仁去掉虾线，先剁几刀，磕入鸡蛋，用刀背剁成虾泥，加上荸荠末、精盐、胡椒粉、料酒搅匀成馅料。

2 净锅置火上，加入植物油烧至六成热，把馅料捏成丸子，放入油锅内炸至金黄色，捞出、沥油；把土豆丝攥干水分，放入油锅内炸至金黄、酥脆，捞出。

3 把炸好的虾球用沙拉酱拌好，放入酥脆的土豆丝中攥成球状，装盘上桌即可。

蒜蓉炒虾仁

原料 调料

虾仁400克,青椒、红椒各100克

蒜瓣50克,海鲜酱2小匙,蒸鱼豉油1大匙,鸡精1/2小匙,白糖少许,水淀粉1小匙,植物油适量

制作

1 青椒、红椒去蒂,洗净,切成椒圈;蒜瓣去皮,先拍散,再切成末;虾仁去除虾线,放入沸水锅内焯烫一下,捞出、沥水。

2 净锅置火上,加入植物油烧至五成热,下入虾仁煎炒一下,捞出、沥油。

3 锅内留底油烧热,加入蒜末、青椒圈、红椒圈、海鲜酱、蒸鱼豉油、鸡精和白糖,放入虾仁炒匀,用水淀粉勾芡即可。

观音虾仁

原料　调料

虾仁400克，铁观音茶10克，鸡蛋1个

葱段、姜片、蒜片各10克，精盐1小匙，鸡精、胡椒粉各少许，椒盐2小匙，淀粉1大匙，植物油适量

制作

1. 铁观音茶加入沸水泡成茶水；虾仁去掉虾线，加入泡好的茶叶水抓匀，滗出茶水，磕入鸡蛋，加上精盐、鸡精、胡椒粉、淀粉搅拌均匀、上浆。

2. 净锅置火上，加入植物油烧热，用厨房用纸吸净铁观音茶叶水分，下入油锅内冲炸一下，捞出；油锅内再放入虾仁炸至熟，捞出、沥油。

3. 锅中留底油烧热，加入葱段、姜片、蒜片炝锅，放入虾仁，撒上椒盐，加入铁观音茶叶翻炒均匀即可。

滑蛋牡蛎赛螃蟹

原料　调料

牡蛎500克，青椒、红椒各30克，鸡蛋2个

姜末10克，精盐2小匙，白醋1小匙，水淀粉1大匙，植物油适量

制作

1　青椒、红椒去蒂及籽，洗净，切成细末；鸡蛋磕开，将鸡蛋清和鸡蛋黄分别放入两个碗内。

2　牡蛎放入淡盐水中静养3小时使其吐净泥沙，开壳取出牡蛎肉；把牡蛎汁分别放入鸡蛋清碗和鸡蛋黄碗中，分别加入精盐搅拌均匀。

3　锅中加上植物油烧热，倒入鸡蛋清、鸡蛋黄略炒，放入牡蛎肉、青椒末、红椒末翻炒均匀，用水淀粉勾芡，撒上姜末，淋上白醋，出锅上桌即可。

蛋黄文蛤水晶粉

原料 调料

文蛤500克, 水晶粉、海带丝各50克, 鸡蛋黄2个

大葱、姜块各10克, 精盐2小匙, 味精少许, 胡椒粉、料酒各1小匙, 植物油1大匙

制作

1 将文蛤放入淡盐水中浸泡2小时, 再用清水冲洗干净, 沥水; 大葱择洗干净, 切成葱花; 姜块去皮, 用清水洗净, 切成细丝。

2 锅中加入植物油烧热, 放入鸡蛋黄炒散, 加入适量清水, 放入姜丝, 用旺火煮约5分钟。

3 放入水晶粉、海带丝, 加入精盐、胡椒粉、料酒、味精调好口味, 放入文蛤搅拌均匀, 继续煮约5分钟至熟, 撒上葱花, 出锅装碗即可。

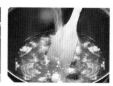

菠萝沙拉拌鲜贝

原料 调料

鲜贝250克，菠萝100克，
黄瓜块80克，洋葱25克，
红辣椒25克，鸡蛋1个

精盐、胡椒粉各1小匙，味
精少许，面粉3大匙，沙拉
酱4大匙，植物油适量

制作

1 鲜贝洗净，切成两半，放入碗内，加入胡椒粉、精
盐、味精拌匀、稍腌；菠萝去皮，洗净，切成小块。

2 鸡蛋磕入碗中，加入面粉、少许植物油调拌均匀成
软炸糊；红辣椒、洋葱分别洗净，均切成三角片。

3 将腌好的鲜贝放入软炸糊中裹匀，放入热油锅中炸
至熟，捞出、沥油，放入大碗中，加入沙拉酱、菠萝
块、红椒片、洋葱片和黄瓜块拌匀，装盘上桌即成。

酱爆八爪鱼

原料 调料

八爪鱼400克, 彩椒100克

葱末、姜片、蒜片各10克, 蒜蓉辣酱、海鲜酱油、料酒各1大匙, 泰式甜辣酱2小匙, 胡椒粉、香油各1小匙, 白糖、蚝油各2大匙, 植物油各适量

制作

1 八爪鱼收拾干净, 切成小块, 放入沸水锅内, 加上料酒、胡椒粉焯烫一下, 捞出; 彩椒去掉蒂和籽, 洗净, 切成小块。

2 净锅置火上, 加上植物油烧热, 下入葱末、姜片、蒜片炝锅, 加入蒜蓉辣酱、泰式甜辣酱、蚝油、白糖、海鲜酱油炒匀。

3 放入八爪鱼块、彩椒块翻炒均匀, 淋上香油炒匀, 出锅装盘即可。

花蚬子炖茄子

原料　调料

花蚬子250克, 茄子150克, 五花肉片75克, 水发细粉丝15克

葱段、葱花各15克, 姜块、蒜瓣各10克, 精盐、鸡精各少许, 老抽、白糖各1小匙, 海鲜酱油2小匙, 水淀粉2大匙, 植物油适量

制作

1　花蚬子放入沸水锅内焯烫一下, 捞出; 茄子去皮, 撕成小条, 放入热油锅内炸上颜色, 捞出、沥油, 再放入温水锅内焯煮一下, 捞出; 姜块洗净, 切成小片。

2　净锅置火上, 加入少许植物油烧热, 下入五花肉片煸炒至变色, 下入葱段、姜片、蒜瓣, 加入老抽、海鲜酱油、清水、精盐、鸡精和白糖煮至沸。

3　放入茄子条, 用小火炖8分钟, 下入水发细粉丝, 用水淀粉勾芡, 下入花蚬子调匀, 撒上葱花即可。

235

辣炒蛏子

原料　调料

蛏子400克，洋葱块75克，香菜段15克

葱段、姜片各10克，蒜片、麻椒各5克，豆瓣酱1大匙，生抽、白糖、水淀粉各2小匙，香油1小匙，植物油2大匙

制作

1. 将蛏子刷洗干净，放入清水锅内，置火上烧沸，关火后浸烫2分钟至蛏子开壳，捞出、沥水。

2. 净锅置火上，加入植物油烧至六成热，下入葱段、姜片、蒜片、洋葱块翻炒均匀。

3. 加入豆瓣酱炒至上色，放入麻椒略炒，然后放入蛏子，加入生抽、白糖炒匀，用水淀粉勾芡，淋入香油，撒上香菜段，出锅装盘即成。

美味炒蛏子

原料 调料

蛏子400克, 猪肉末100克, 小葱50克, 红尖椒30克

姜末15克, 精盐1小匙, 蚝油2小匙, 料酒1大匙, 辣豆豉2大匙, 味精1/2小匙, 植物油3大匙

制作

1 蛏子放入淡盐水中浸泡30分钟使吐净泥沙, 捞出、沥水; 小葱洗净, 切成段; 红尖椒去蒂及籽, 切成椒圈; 猪肉末放入碗中, 加入少许料酒调拌均匀。

2 净锅置火上, 加上植物油烧至六成热, 放入辣豆豉炒出香味, 加上调好的猪肉末炒至变色。

3 放入姜末, 烹入料酒, 加入精盐、蚝油、味精调好口味, 再放入蛏子翻炒均匀, 撒上小葱段、红椒圈炒匀, 出锅装盘即成。

237

香辣鱿鱼

原料 调料

鱿鱼400克, 青椒30克, 红椒20克

葱段15克, 蒜瓣、干树椒各10克, 蒜蓉辣酱、泰式甜辣酱、蚝油各1大匙, 鸡精、白糖各少许, 水淀粉、植物油各适量

制作

1 红椒、青椒去蒂及籽, 洗净, 切成长条; 蒜瓣去皮, 洗净, 切成片; 干树椒切成小段。

2 鱿鱼洗涤整理干净, 切成小条, 放入沸水锅内焯烫一下, 捞出, 过凉, 沥水, 再放入热油锅内冲炸一下, 捞出、沥油。

3 把葱段、蒜片和干树椒段放入油锅内炝锅, 加入蒜蓉辣酱、蚝油、泰式甜辣酱、鸡精、白糖、鱿鱼条、青椒条、红椒条炒至入味, 用水淀粉勾芡即可。

香芹炒鱿鱼

原料 调料

鱿鱼400克, 芹菜75克

葱丝、姜丝各15克, 蒜片10克, 树椒段5克, 精盐、鸡精各1小匙, 白糖、香油各少许, 水淀粉、植物油各适量

制作

1 鱿鱼收拾干净, 把鱿鱼须切成小段、鱿鱼肉剞上花刀, 全部放入沸水锅内焯烫一下, 捞出、沥水; 芹菜洗净, 切成小段。

2 净锅置火上, 加上植物油烧至五成热, 放入树椒段、葱丝、姜丝、蒜片炒出香味, 加上芹菜段略炒一下。

3 放入鱿鱼, 加入精盐、白糖、鸡精炒至入味, 用水淀粉勾芡, 淋入香油翻炒均匀, 出锅装盘即可。

Part 5
米面杂粮

看视频学做菜

红烧牛肉面

原料　调料

面条500克，牛肉250克，净油菜150克，香菜段10克

葱段、姜片各15克，五香料（香叶、八角、桂皮、花椒各3克，干树椒少许），料酒4小匙，精盐2小匙，胡椒粉、鸡精各少许，豆瓣酱、植物油各1大匙

制作

1　牛肉切成块，放入清水锅内，加入葱段、姜片、料酒焯烫至变色，捞出。

2　豆瓣酱放入油锅内炒香，加入清水、胡椒粉和牛肉块煮沸，倒入高压锅内，放入葱段和五香料压30分钟，关火，去掉杂质，加入精盐、鸡精、胡椒粉成牛肉汤。

3　把面条放入沸水锅内煮至熟，放入净油菜烫熟，捞出、装碗，放上牛肉块，加入少许牛肉汤，撒上香菜段即可。

翡翠凉面拌菜心

原料 调料

面粉250克,净菠菜、白菜心各150克,熟芝麻50克,胡萝卜丝少许,鸡蛋2个

蒜末25克,精盐少许,白糖、酱油各2小匙,豆瓣酱2大匙,芝麻酱、香油各1大匙,米醋3大匙

制作

1 净菠菜放入沸水锅中焯烫一下,捞出,放入搅拌器内,磕入鸡蛋,加入精盐打成菠菜鸡蛋泥,取出,和面粉一起和匀成面团,擀成面片,切成细面条。

2 白菜心洗净,切成细丝;锅内加入香油烧热,倒入豆瓣酱煸炒至熟,出锅盛入碗中,加入芝麻酱、酱油、米醋、白糖、精盐、熟芝麻和蒜末拌匀成酱汁。

3 锅中加入清水烧沸,下入面条煮至熟,捞出、过凉,沥水,放入深盘中,加入白菜丝、胡萝卜丝,淋上调好的酱汁,食用时拌匀即成。

韩式拌意面

原料 调料

意面300克, 鲜墨鱼100克, 黄瓜50克, 白梨1个, 熟芝麻15克

葱末、蒜瓣各15克, 精盐、白醋、香油各2小匙, 味精1小匙, 韩式辣酱2大匙, 辣椒油4小匙

制作

1. 将鲜墨鱼洗涤整理干净, 切成细丝; 黄瓜、白梨分别洗净, 均切成细丝; 蒜瓣去皮, 剁成末。

2. 取小碗, 放入蒜末、葱末, 加入韩式辣酱、精盐、香油、辣椒油、白醋、味精、熟芝麻搅拌均匀成酱汁。

3. 锅置火上, 加入清水和少许精盐烧沸, 放入意面煮至熟, 再放入墨鱼丝煮至熟透, 捞出、装碗, 加入酱汁拌匀, 装入盘中, 撒上黄瓜丝、白梨丝即可。

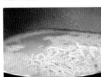

海鲜伊府面

原料 调料

面粉250克，净花蛤150克，墨鱼100克，油菜心75克，净虾仁、鲜香菇各50克，鸡蛋3个

葱段、姜片各少许，精盐、味精各1小匙，料酒1大匙，植物油适量

制作

1. 面粉放在容器内，加入鸡蛋和少许清水调匀，揉匀成面团；墨鱼收拾干净，内侧剞上一字刀，片成大片，洗净；鲜香菇洗净，去掉菌蒂。

2. 将面团擀成薄面皮，切成细面条，放入清水锅中煮至熟，捞出、过凉，沥干水分，再放入热油锅中冲炸一下，捞出、沥油。

3. 锅内留底油烧热，加入葱段、姜片炒香，放入净花蛤、香菇、墨鱼，加入料酒和清水煮3分钟，加入精盐、味精、面条、净虾仁、油菜心翻炒均匀即成。

看视频学做菜

小炖肉茄子卤面

原料 调料

刀切面500克，猪五花肉300克，茄子200克，青椒条、红椒条各25克

葱段、姜块各10克，桂皮、八角各2克，干辣椒3个，精盐、味精、花椒油、白糖、黄酱、植物油各适量

制作

1 茄子切成滚刀块，放入热油锅中炒3分钟，取出；猪五花肉切成小块，放入热油锅内，加上葱段、姜块、黄酱、桂皮、八角、干辣椒、清水烧沸，小火炖30分钟。

2 放入茄子块炖5分钟，加入精盐、白糖、味精续炖几分钟，放入青椒条、红椒条炒匀，盛出成炖肉卤。

3 净锅加入适量清水烧沸，下入刀切面煮至熟，捞入面碗中，加入炖肉卤，淋上花椒油即可。

两面黄盖浇面

原料　调料

鸡蛋面400克，猪瘦肉100克，水发香菇、胡萝卜、冬笋各30克，青椒、红椒、洋葱各少许

精盐2小匙，料酒1大匙，味精、胡椒粉、香油各少许，植物油适量

制作

1. 猪瘦肉切成丝；水发香菇、冬笋、胡萝卜、洋葱、青椒、红椒洗净，均切成丝。

2. 鸡蛋面放入清水锅内煮至熟，捞出、过凉，加入少许植物油拌匀，放入热油锅中煎至金黄色，捞出，放在大盘内。

3. 肉丝放入油锅内炒散，加上洋葱丝、香菇丝、胡萝卜丝、冬笋丝、青椒丝、红椒丝炒匀，加上料酒、胡椒粉、精盐和味精，淋上香油，出锅浇在鸡蛋面上即可。

冷面 🐟🦐🧄🌰✕

原料 调料

冷面400克，牛肉250克，辣白菜、黄瓜各80克，苹果75克，香菜25克，熟鸡蛋2个

葱段、姜片各15克，泰椒5克，料酒2大匙，精盐1小匙，酱油2小匙，韩式辣酱1大匙，梨汁、米醋、白糖、香油各少许

制作

1　牛肉切成块，放入清水锅内，放入姜片、葱段、料酒，用中火煮至熟，捞出牛肉；把煮牛肉原汤过滤，加上纯净水、梨汁、米醋、白糖、酱油、精盐、香油搅拌均匀成冷面汤，放入冰箱冷藏。

2　黄瓜洗净，切成丝；香菜切成末；熟鸡蛋切成两半；苹果洗净，切成片；泰椒切成末；熟牛肉切成大片。

3　冷面放入清水锅内煮至熟，捞出、过凉，盛放在面碗内，放上黄瓜丝、熟鸡蛋、熟牛肉片、苹果片、泰椒末、香菜末、辣白菜、韩式辣酱，淋上冷面汤即可。

重庆小面

原料 调料

面条400克,五花肉100克,油菜75克,梅菜碎50克,花生25克

葱花、姜块、蒜末各10克,精盐、白糖各1小匙,鸡精、胡椒粉各少许,海鲜酱油、料酒、花椒油、郫县豆瓣酱、甜面酱、辣椒油、芝麻酱、植物油各适量

制作

1 五花肉洗净,切成小丁;花生拍碎;姜块去皮,切成丝,放入碗中,加入蒜末和少许清水泡成姜蒜水;油菜洗净,放入沸水锅内焯烫一下,捞出、沥水。

2 锅中加入植物油烧热,放入五花肉丁炒香,加上葱花、郫县豆瓣酱、甜面酱、料酒、海鲜酱油、白糖、鸡精、精盐、梅菜碎翻炒均匀,出锅成酱料。

3 把姜蒜水、精盐、鸡精、胡椒粉放入面碗里拌匀成料汁,放入煮熟的面条,加上酱料、花椒油、辣椒油、油菜、花生碎、芝麻酱和少许煮面条原汤即可。

油泼面

原料 调料

宽面条400克，油菜100克，猪肥肉50克，香菜末15克

干树椒段10克，葱花、蒜末各少许，豆豉酱、酱油各1大匙，鸡汁、白糖各2小匙，米醋、植物油各适量

制作

1　油菜去根，取油菜心，洗净，切成小段；豆豉酱、酱油、鸡汁、白糖、米醋、蒜末放在大碗内调成味汁。

2　净锅置火上，加入适量清水烧沸，放入宽面条煮至近熟，放入油菜段煮至熟，一起捞出，放入盛有味汁的大碗内，撒上葱花、干树椒段。

3　锅中加入植物油烧热，放入猪肥肉炒出油脂，捞出油渣不用，把热油浇淋在面条上，撒上香菜末即可。

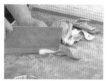

武汉热干面

原料 调料

面条500克, 辣萝卜75克, 熟花生50克, 香葱25克

蒜瓣15克, 芝麻酱、花生酱各1大匙, 豆瓣酱、米醋各2大匙, 甜面酱、红油各适量

制作

1 将辣萝卜切成碎粒; 熟花生压碎; 香葱择洗干净, 切成香葱花; 蒜瓣去皮, 洗净, 剁成末。

2 将面条抖散, 放入沸水锅内煮至熟, 捞出、沥水, 放在面碗内, 淋上植物油拌匀。

3 芝麻酱、花生酱放入大碗内, 加入清水搅匀, 加入豆瓣酱、甜面酱、米醋、红油、蒜末拌匀成酱料, 放入面碗内拌匀, 撒上辣萝卜、花生碎、香葱花即可。

番茄麻辣凉面

原料　调料

面粉300克, 鸡胸肉150克, 黄瓜丝50克, 芝麻10克

辣椒碎、葱末各10克, 蒜蓉各5克, 味精、精盐、米醋、香油各1小匙, 白糖、芝麻酱各1大匙, 番茄酱、酱油各3大匙, 植物油适量

制作

1　鸡胸肉放入清水锅中煮熟, 捞出, 撕成细丝, 鸡汤留用; 碗中加入芝麻酱、米醋、酱油、精盐、味精、白糖、蒜蓉、辣椒碎拌匀, 浇上热植物油搅匀成味汁。

2　面粉加入鸡汤、番茄酱、精盐搅匀, 揉成面团, 饧30分钟, 擀成大片, 切成条, 放入沸水锅内煮至熟, 捞出, 放在深盘内。

3　熟面条盘内淋上香油, 放上黄瓜丝、熟鸡肉丝, 浇上味汁, 撒上葱末、芝麻即可。

翡翠拨鱼

原料 调料

面粉、净菠菜各200克，猪肉末150克，茄子、绿豆芽各75克，彩椒丁25克，鸡蛋1个

姜末10克，精盐、胡椒粉各1小匙，酱油、料酒各1大匙，味精、植物油、花椒油各适量

制作

1. 净菠菜放入沸水锅内焯烫一下，捞出，放入粉碎机中，加入鸡蛋、精盐、料酒和清水搅打成泥，取出，拌入面粉成糊状，饧20分钟；茄子去皮，切成丁。

2. 锅内加上植物油烧热，爆香姜末，放入猪肉末、茄子丁和清水炖5分钟，加入酱油、精盐、胡椒粉、味精、彩椒丁炒匀，出锅、装碗，淋上热花椒油成面卤。

3. 锅中加入清水和精盐烧沸，用筷子拨入面糊成拨鱼，加入绿豆芽略煮，出锅、装碗，淋上面卤即可。

时蔬饭团

原料 调料

大米饭400克, 鲜香菇、冬笋、胡萝卜各50克, 水芹、腌小黄瓜、煮花生米各25克, 紫菜条、熟芝麻各少许

精盐1/2大匙, 味精少许, 香油1小匙, 植物油适量

制作

1 鲜香菇去蒂, 用清水浸洗干净, 切成小丁; 冬笋、胡萝卜去皮, 洗净, 均切成小丁; 水芹择洗干净, 切成小粒; 腌黄瓜用清水浸泡并洗净, 切成小丁。

2 锅中加入植物油烧至六成热, 下入香菇丁、冬笋丁、胡萝卜丁、水芹粒煸炒一下, 加入精盐、味精翻炒均匀, 关火后放入煮花生米、大米饭翻拌均匀。

3 再放入腌小黄瓜丁、香油, 撒上熟芝麻拌匀, 团成饭团, 用紫菜条包上, 装盘上桌即可。

羊排手抓饭

原料　调料

大米饭400克，羊排250克，鲜香菇100克，洋葱、胡萝卜各30克

精盐2小匙，酱油1大匙，辣椒粉1/2小匙，白糖2大匙，孜然粉少许，植物油适量

制作

1 将羊排放入清水中浸洗干净，剁成小块，放入热锅内煸炒几分钟，倒入清水煮5分钟；鲜香菇去蒂，切成小块；洋葱切成细丝；胡萝卜去皮，切成丁。

2 锅内加上植物油烧热，下入洋葱丝、香菇丁、胡萝卜丁炒匀，加入孜然粉及少许清水炒出香味，出锅。

3 取电压力锅，放入羊排块，加入精盐、酱油、白糖、辣椒粉及清水煲约25分钟，再放入大米饭和炒好的洋葱、香菇等，盖上锅盖，续煲15分钟即可。

255

咖喱牛肉饭

原料　调料

大米饭400克,牛肉200克,土豆150克,洋葱、胡萝卜各50克

姜片10克,香叶、八角、花椒、精盐各少许,面粉、料酒各1大匙,酱油2小匙,黄油适量,咖喱块25克

制作

1　土豆去皮,切成块;洋葱洗净,切成丝;胡萝卜去皮,洗净,切成小块;牛肉洗净,切成大块,放入高压锅内,加入清水、姜片、料酒压25分钟。

2　净锅置火上,放入黄油、土豆块、洋葱丝和胡萝卜丝炒匀,再加上八角、香叶、花椒、精盐、料酒炒出香味,倒入盛有牛肉的高压锅内压5分钟,离火。

3　锅置火上,加入少许黄油,放入面粉,用小火炒香,倒入压好的牛肉和蔬菜,放入咖喱块和酱油煮约2分钟成咖喱牛肉,浇在大米饭上即可。

台式卤肉饭

原料 调料

大米饭400克，猪五花肉200克，香菇25克，熟鸡蛋1个

葱段、姜片、蒜瓣各10克，桂皮、八角、陈皮各3克，精盐、胡椒粉各少许，冰糖、料酒、酱油、植物油各适量

制作

1. 猪五花肉洗净，切成大块；熟鸡蛋剥去外壳；香菇用清水浸泡至软，切成粒。

2. 锅内加上植物油烧热，下入葱段、姜片、蒜瓣、桂皮、陈皮、八角炝锅，放入料酒、酱油、香菇粒、冰糖、猪肉块炒匀。

3. 放入清水、精盐、熟鸡蛋和胡椒粉烧焖15分钟，取出大肉块，切成小块，再放入原锅中，继续炖至入味，出锅浇在大米饭上即可。

鱿鱼饭筒

原料 调料

大米饭、鲜鱿鱼各250克，猪肉末150克，香菇末、冬笋末各25克

料酒、老抽各1小匙，生抽2小匙，蜂蜜4小匙，白糖、味精、植物油各少许

制作

1. 鲜鱿鱼去掉外膜、内脏和鱿鱼须，放入沸水锅内焯烫30秒钟，捞出鱿鱼，沥净水分；老抽、生抽、蜂蜜放在碗内拌匀成酱汁。

2. 锅内加上植物油烧热，下入猪肉末和料酒稍炒，放入香菇末、冬笋末、生抽、白糖和味精炒匀，关火，放入大米饭拌匀，酿入鱿鱼内，用牙签串上成鱿鱼筒。

3. 锅中加上少许植物油油烧热，放入鱿鱼筒煎一下，浇上酱汁煎至透，取出，去掉牙签，切成条即可。

四喜饭卷

原料 调料

大米饭400克, 紫菜2张, 虾仁、黄瓜各50克, 小番茄40克, 西餐火腿、蟹柳各25克

精盐2小匙, 白醋、白糖各1大匙, 柠檬汁少许

制作

1 虾仁去掉虾线, 放入清水锅内焯烫至熟, 捞出; 黄瓜用精盐揉搓, 腌渍15分钟, 换清水洗净, 切成小条。

2 大米饭放入容器内, 加入精盐、白醋、白糖、柠檬汁拌匀、凉凉; 蟹柳切成条状; 西餐火腿切成条; 小番茄去蒂, 切成小块。

3 竹帘放在案板上, 放上紫菜, 在紫菜表面抹上大米饭, 摆放上黄瓜条、小番茄块、熟虾仁、蟹柳和火腿条, 用竹帘卷好成饭卷, 去掉竹帘, 切成小块即可。

香菇卤肉饭

原料 调料

大米饭500克，五花肉250克，香菇75克，洋葱50克，鸡蛋2个

桂皮、八角各3克，葱段、姜片各10克，精盐1小匙，白糖少许，老抽2小匙，料酒1大匙，植物油适量

制作

1 鸡蛋放入清水锅内煮至熟，捞出、凉凉，剥去蛋壳；五花肉切成丁，放入沸水锅内焯水，捞出、沥水；香菇去蒂，切成丁；洋葱剥去老皮，洗净，切成丁。

2 锅内加入植物油烧热，放入白糖熬成糖色，下入五花肉丁、葱段、姜片、桂皮、八角稍炒，加入老抽、料酒、精盐、白糖和清水煮沸，放入熟鸡蛋煮5分钟。

3 下入香菇丁，继续用小火焖30分钟，捞出锅内葱姜等不用，用旺火收浓汤汁，下入洋葱丁炒出香味成香菇卤肉，浇在盛有大米饭的盘内即成。

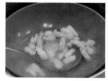

梅菜肉末炒饭

原料 调料

大米饭400克, 猪肉末100克, 梅干菜50克, 鸡蛋1个

大葱25克, 酱油1大匙, 老抽少许, 鸡精1小匙, 植物油2大匙

制作

1. 梅干菜用清水浸泡, 攥干水分, 切成细末; 鸡蛋磕在碗里, 打散成鸡蛋液; 大葱洗净, 切成葱花。

2. 净锅置火上, 加入植物油烧热, 下入猪肉末煸炒至变色, 下入梅干菜末、少许葱花、酱油炒匀。

3. 另取锅, 加上植物油烧热, 倒入鸡蛋液, 下入大米饭略炒一下, 出锅, 倒入梅菜肉末锅中翻炒均匀, 加入老抽、鸡精、葱花炒至入味, 出锅装盘即可。

蛋羹泡饭

原料　调料

大米饭200克，虾仁100克，豌豆、净青菜各25克，净紫菜丝、香菜段各10克，鸡蛋2个。

葱末15克，精盐、料酒各2小匙，香油1小匙，淀粉、酱油各少许

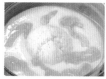

制作

1　鸡蛋磕入碗内，加入精盐、酱油和料酒搅匀成鸡蛋液；虾仁去掉虾线，片成两半，加入少许鸡蛋液、淀粉和精盐拌匀。

2　将大米饭放入容器内，倒入鸡蛋液，放入蒸锅内蒸8分钟成鸡蛋饭羹，放上虾仁，撒上净青菜和豌豆。

3　再用旺火蒸2分钟，取出，放入葱末、香菜段、净紫菜丝，淋上香油即可。

杂粮羊肉抓饭

原料 调料

杂粮米250克，羊外脊肉200克，洋葱、胡萝卜各100克

葱丝、姜丝各15克，小茴香、八角各3克，桂皮1小块，精盐1/2小匙，酱油4大匙，植物油2大匙

制作

1 胡萝卜去皮，切成丁；洋葱洗净，切成小粒；羊外脊肉切成丁，放入热油锅内煸炒出油，加入精盐、胡萝卜丁、洋葱粒、八角、小茴香、桂皮翻炒均匀。

2 加入适量清水和杂粮米炒5分钟，倒入电压力锅内压15分钟至熟，取出，盛入饭碗中，翻扣在盘内。

3 净锅置火上，加上植物油烧至六成热，先下入葱丝、姜丝炒出香味，再加入酱油、少许清水烧沸成味汁，出锅，淋在盛有杂粮羊肉饭的盘内即成。

咸肉焖饭

原料 调料

猪五花肉500克，净油菜段、大米各75克，净冬笋片、水发香菇片各25克

葱丝、姜丝各10克，花椒、八角各5克，精盐适量，味精、白糖各1小匙，白酒、酱油、植物油各2大匙

制作

1 把精盐、花椒、八角放入热锅内略炒，出锅、凉凉，压碎成椒盐，涂抹在猪五花肉上，再抹匀白酒，挂在通风处晾晒7天成咸肉，放入清水锅内煮至熟，捞出，切成大片。

2 锅内加入植物油烧热，下入葱丝、姜丝煸香，加入酱油、清水、白糖、味精炒匀成味汁，盛出。

3 大米淘洗干净，放入电饭锅内，加入清水、水发香菇片、净冬笋片和少许咸肉片焖至饭熟，加上净油菜段拌匀，浇上调好的味汁拌匀，装盘上桌即可。

海鲜砂锅粥

原料　调料

大米125克, 螃蟹1只, 虾仁100克, 香菜25克, 香葱15克, 枸杞子10克, 黄芪5克

姜丝10克, 精盐2小匙, 鸡精1/2小匙, 胡椒粉1小匙

制作

1　螃蟹刷洗干净, 开背, 剁成两半, 去掉杂质, 再将螃蟹切成块、蟹钳拍碎、蟹盖洗净; 虾仁去掉虾线, 切成丁; 香葱洗净, 切成香葱花; 香菜成切碎末。

2　大米淘洗干净, 放入砂锅中, 加入适量清水, 盖上砂锅盖, 烧沸后用小火煮至大米近熟, 放上螃蟹块。

3　再放入泡好的黄芪和枸杞子, 加盖后煲约10分钟, 放入姜丝、虾仁丁, 加入鸡精、精盐, 胡椒粉略煮片刻, 撒上香葱花、香菜末, 出锅装碗即可。

风味夹肉饼

原料　调料

面粉……………400克

猪肉末…………250克

鸡蛋………………2个

葱末、姜末………各25克

精盐………………2小匙

鸡精、胡椒粉……各少许

料酒、生抽………各1大匙

香油、花椒粉…各1/2小匙

老抽、植物油……各适量

制作

1　猪肉末放入容器内，放入葱末、姜末、精盐、鸡精、胡椒粉、料酒、香油和生抽搅匀，再少量、多次加入清水，放入花椒粉、老抽，磕入鸡蛋搅匀成馅料。

2　面粉倒入容器内，加入少许精盐和清水和成面团，饧1小时，擀成大薄片，切成长方形，中间涂抹上馅料，四周抹上少许鸡蛋液，再将两边没有馅料的部分向中间叠起，然后将面饼两侧压实成肉饼生坯。

3　平底置火上，加入植物油烧热，下入肉饼生坯煎至色泽金黄、熟香，取出、改刀，装盘上桌即可。

牛肉酥饼

原料　调料

面粉300克, 牛肉末200克, 鸡蛋1个

葱花50克, 精盐1小匙, 花椒粉2小匙, 甜面酱、香油各1大匙, 味精少许, 植物油适量

制作

1　牛肉末放入大碗中, 磕入鸡蛋, 加上花椒粉和甜面酱拌匀, 再加入味精、香油充分拌匀至上劲, 静置10分钟成牛肉馅。

2　面粉放入容器中, 加入温水和精盐, 反复揉搓均匀成面团, 刷上植物油, 盖上湿布饧30分钟, 搓成长条, 切成面剂。

3　面剂擀成薄面皮, 包上牛肉馅和葱花, 卷起后按扁成圆饼状, 放入刷油的电饼铛内煎至酥软、熟香, 出锅装盘即可。

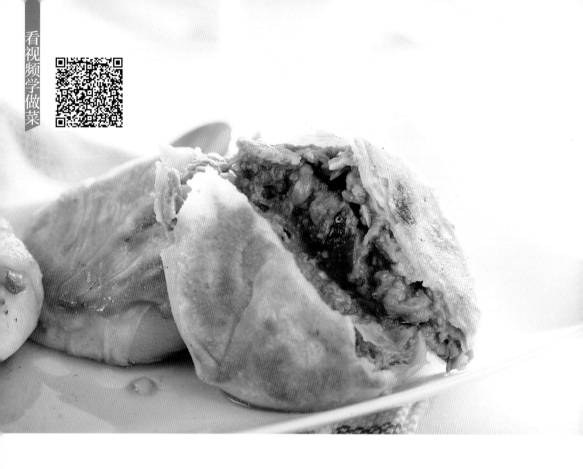

老北京门钉肉饼

原料　调料

面粉400克，猪肉末250克，茄子150克，鸡蛋1个

葱末、姜末各10克，味精、胡椒粉各1小匙，花椒水1大匙，料酒2小匙，黄酱2大匙，香油、植物油各少许

制作

1. 茄子去蒂、蒸熟，取出，放入大碗中搅碎，加上猪肉末、葱末、姜末、鸡蛋、胡椒粉、料酒、花椒水、黄酱、香油、味精拌匀成馅料，置冰箱中冷藏1小时。

2. 面粉放入盆中，加入适量温水和匀成面团，饧10分钟，搓条、下剂，擀成薄片，包入馅料成肉饼生坯。

3. 平锅置火上，放入肉饼生坯，淋入少许植物油，用中火煎至定型，淋上少许清水，盖上锅盖焖2分钟，翻面后淋上少许清水，继续焖2分钟至熟香即可。

韩国泡菜饼

原料　调料

面粉300克，辣白菜125克，洋葱75克，韭菜50克，鲜香菇30克

精盐1小匙，鸡精1/2小匙，植物油2大匙

制作

1　韭菜去根和老叶，洗净，沥净水分，切成碎末；鲜香菇去蒂，洗净，切成小丁，放入沸水锅内焯烫一下，捞出，攥净水分；洋葱、辣白菜分别切成丁。

2　面粉放在容器内，倒入清水调成浓稠的面糊，加入精盐、鸡精、香菇丁、韭菜末、洋葱丁和辣白菜拌匀。

3　平锅置火上，加入植物油烧至五成热，倒入搅拌好的面糊煎至一面定型，再翻另一面，继续煎至面饼成熟、上色，出锅，切成条块，码盘上桌即可。

奶香松饼

原料 调料

面粉200克，玉米粉150克，鸡蛋1个，绿茶叶5克

苏打粉1/2小匙，牛奶100克，蜂蜜1大匙，植物油适量

制作

1 玉米粉放入大碗中，加入温水调匀成稀糊，稍饧；面粉放入小盆中，加入牛奶、鸡蛋、苏打粉、植物油调匀，饧10分钟，加上饧好的玉米糊拌匀成奶香粉糊。

2 平底锅置火上烧热，舀入奶香粉糊，撒上少许泡好的绿茶叶，用小火煎成圆饼状，翻面后把两面煎呈黄色，取出，装入盘中一侧。

3 锅内再舀入适量奶香粉糊煎至黄色，取出，装入盘中另一侧，淋上蜂蜜，直接上桌即可。

焖炒蛋饼

原料　调料

面粉250克，胡萝卜125克，韭菜100克，净豆芽75克，鸡蛋2个

蒜末5克，精盐1小匙，味精1/2小匙，胡椒粉1/2小匙，酱油2小匙，米醋、料酒各1大匙，植物油2大匙

制作

1　鸡蛋磕入盆中，加入面粉、少许精盐和清水调成糊状，依次倒入热油锅中烙成鸡蛋饼，取出，切成条；胡萝卜去皮，切成丝；韭菜择洗干净，切成小段。

2　锅内加上植物油烧热，放入胡萝卜丝、净豆芽略炒，再放入鸡蛋饼条，加入精盐、酱油、料酒、胡椒粉、少许清水炒匀。

3　转小火稍焖1分钟，放入韭菜段、蒜末，淋上米醋，加入味精翻炒均匀，出锅装盘即可。

牛肉茄子馅饼

原料　调料

面粉400克，茄子200克，牛肉末150克

姜末5克，精盐、胡椒粉各少许，花椒水2小匙，香油1小匙，黄酱2大匙，料酒、植物油各1大匙

制作

1. 茄子去皮、蒸熟，放入容器中，加入黄酱、精盐、姜末、香油、料酒、胡椒粉、花椒水拌匀，再放入牛肉末拌匀成馅料。

2. 面粉放入容器中，加入温水和成面团，饧约15分钟，揪成面剂，擀成面皮，包上馅料，收口按扁成馅饼生坯。

3. 平锅刷上植物油烧热，放入馅饼生坯，用中火烙至馅饼熟嫩，取出装盘即可。

三鲜饺子

原料　调料

面粉400克，净韭菜200克，猪肉末150克，净虾仁75克，虾皮25克

姜末25克，精盐1小匙，十三香、鸡精、白糖各少许，蚝油、香油各2小匙，酱油、植物油各1大匙

制作

1 净韭菜切碎；猪肉末放在容器内，加入清水调匀，再加入姜末、十三香、精盐、鸡精、白糖、蚝油、酱油、植物油、香油、虾皮、净虾仁、韭菜碎拌匀成馅料。

2 面粉中加入少许精盐、白糖和清水和成面团，稍饧，把面团搓成长条，下成每个重15克的小面剂，擀成面皮，包上少许馅料，捏成三鲜饺子生坯。

3 净锅置火上，加入清水、少许精盐烧沸，放入三鲜饺子生坯煮至熟，捞出，装盘上桌即成。

芹菜鸡肉饺

原料 调料

面粉400克，鸡肉末250克，芹菜碎125克，香菇25克，鸡蛋1个

葱末、姜末各20克，精盐2小匙，味精少许，胡椒粉1小匙，香油4小匙

制作

1 香菇放入粉碎机中打成粉状，加入热水拌匀成香菇酱；鸡肉末磕入鸡蛋，加入葱末、姜末、香油、胡椒粉、精盐、味精、香菇酱、芹菜碎搅匀成馅料。

2 面粉放入盆中，加入适量清水调匀，揉搓均匀成面团，饧约10分钟，搓成长条状，每15克下一个面剂，擀成面皮，放入适量馅料，捏成半月形饺子。

3 锅置火上，加入适量清水和少许精盐烧沸，放入饺子生坯煮至熟，捞出装盘即可。

羊肉胡萝卜锅贴

原料　调料

面粉300克, 胡萝卜200
克, 羊肉100克, 芹菜50
克, 鸡蛋1个

精盐、味精各少许, 料酒、
香油各4小匙, 酱油1大匙,
五香粉2小匙, 植物油适量

制作

1. 胡萝卜洗净, 擦成细丝, 加入少许精盐搅匀, 腌渍10分钟; 芹菜洗净, 切成细末, 加上胡萝卜丝拌匀。

2. 羊肉剁碎, 加入五香粉、料酒、鸡蛋、香油、酱油、味精、精盐拌匀, 再放入腌好的胡萝卜丝和芹菜末搅拌均匀成馅料, 放入冰箱冷藏30分钟, 取出。

3. 面粉加入清水调匀, 揉搓成面团, 搓成长条, 下成面剂, 擀成圆皮, 包入馅料, 捏成锅贴生坯, 放入热油锅内烙至熟嫩, 取出锅贴, 装盘上桌即可。

韭菜盒子

原料　调料

面粉400克，净韭菜250克，猪肉末75克，虾皮25克，鸡蛋2个

鸡精、白糖各少许，花椒粉、胡椒粉各1/2小匙，料酒1大匙，香油2小匙，海鲜酱油4小匙，熟猪油、植物油各适量

制作

1. 净韭菜切成碎末；鸡蛋磕在碗内，打散成鸡蛋液，放入烧热的油锅内炒成鸡蛋碎，出锅；猪肉末加入花椒粉、鸡精、白糖、胡椒粉、料酒、香油、海鲜酱油拌匀，加入虾皮、鸡蛋碎、韭菜末搅匀成馅料。

2. 面粉倒在案板上，加入熟猪油和热水和成面团，饧30分钟，搓成长条状，切成面剂，擀成面皮，放入馅料，合上封口，捏出花边成韭菜盒子生坯。

3. 平锅置火上，加入植物油烧热，放入韭菜盒子生坯，用中火煎烙至金黄、熟香，出锅装盘即可。

特色大包子

原料　调料

发酵面团400克，五花肉丁200克，水发香菇丁、冬笋、豆角碎各75克，水发粉条段50克，鸡蛋1个

葱花、姜末各10克，精盐、白糖各少许，淀粉、酱油各2小匙，料酒2大匙，黄酱、香油各1大匙，植物油适量

制作

1　冬笋洗净，切成丁；五花肉丁加入鸡蛋、淀粉拌匀，放入油锅内，加上葱花、姜末、水发香菇丁、冬笋丁、料酒、精盐、豆角碎炒匀，取出。

2　锅内加上植物油烧热，加入料酒、黄酱、酱油、白糖炒匀，放入炒好的肉丁等，加上水发粉条段，淋上香油成馅料。

3　发酵面团做成面剂，擀成圆皮，放入馅料，包成包子形状成生坯，饧5分钟，放入蒸锅内蒸10分钟至熟即可。

小白菜馅水煎包

原料　调料

发酵面团400克，小白菜200克，水发粉丝段、鲜香菇各75克，虾皮25克

香葱花10克，精盐、味精各1小匙，香油2小匙，植物油适量

制作

1　鲜香菇去蒂，切成小粒；小白菜放入沸水锅内焯烫，取出、过凉，切成碎末，放入小盆内，加上香菇粒、粉丝段、虾皮、味精、精盐、香油搅拌均匀成馅料。

2　将发酵面团揉匀，搓成长条，下成面剂，擀成薄皮，包入适量馅料成水煎包生坯。

3　平底锅置火上，收口朝下放入水煎包，淋入少许植物油烧热，加入清水烧沸，盖上锅盖，煎焖至水分收干，淋上少许植物油，撒上香葱花，出锅装盘即可。

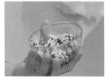

梅干菜包子

原料 调料

发酵面团400克, 梅干菜、猪肉末各150克, 冬笋25克

葱末50克, 姜末10克, 味精、胡椒粉各1小匙, 香油少许, 料酒、酱油各2大匙, 白糖、植物油各1大匙

制作

1 梅干菜用清水浸泡至软, 再换清水洗净, 沥水, 切成碎粒; 冬笋洗净, 切成碎末。

2 猪肉末放入热油锅, 放入梅干菜末、姜末、冬笋末和葱末炒匀, 加入料酒、酱油、白糖、胡椒粉、味精炒至入味, 出锅、凉凉, 加入香油拌匀成馅料。

3 发酵面团揪成面剂, 擀成面皮, 放上馅料, 捏褶收口成包子生坯, 放入沸水锅中蒸至熟即可。

糯米烧卖

原料 调料

馄饨皮10张, 猪肉250克, 糯米75克, 冬笋末50克, 香菇末、青豆各少许

葱末、姜末各10克, 八角、桂皮各少许, 精盐、白糖、胡椒粉各1小匙, 料酒、酱油、香油、植物油各1大匙

制作

1 猪肉去掉筋膜, 剁成蓉, 放在容器内, 加入植物油拌匀; 糯米淘洗干净, 放入热锅中煸炒5分钟, 出锅。

2 锅中加上植物油烧热, 加入葱末、姜末、八角、桂皮炒香, 再放入猪肉蓉、香菇末、冬笋末稍炒, 放入料酒、胡椒粉、酱油、白糖、精盐和少许清水调匀,

3 倒入糯米拌匀, 放入蒸锅内蒸10分钟, 出锅、凉凉, 加入香油拌匀成馅料; 把馅料用馄饨皮包好成烧卖, 中间放一粒青豆, 放入蒸锅内蒸至熟即可。

三色疙瘩汤

原料　调料

面粉300克, 水发银耳、水发木耳各50克, 菠菜汁、橙汁、西红柿汁各4大匙

精盐2小匙, 鸡精少许, 胡椒粉1小匙, 香油4小匙

制作

1. 取1/3面粉, 加入菠菜汁搅匀成菠菜面团, 放在漏勺上, 用手勺向下碾压入水锅, 煮成绿色疙瘩, 捞出。

2. 1/3面粉加入西红柿汁搅匀成西红柿面团, 放在漏勺上, 用手勺向下碾压入水锅, 煮成红色疙瘩, 捞出。

3. 剩余面粉加入橙汁搅匀成橙汁面团, 也放在漏勺上, 用手勺向下碾压入水锅, 煮成黄色疙瘩, 捞出。

4. 锅内加入清水、精盐、鸡精、胡椒粉煮至沸, 放入水发银耳、水发木耳和三色疙瘩, 淋上香油即可。

玉米烙

原料 调料

玉米（罐头）250克，葡萄干30克

白糖2大匙，淀粉3大匙，植物油适量

制作

1. 从玉米罐头中取出玉米粒，加入葡萄干，倒入沸水锅内焯烫一下，捞出、沥水，加入白糖、淀粉搅拌均匀，制成玉米糊。

2. 净锅置火上，加入少许植物油烧热，把玉米糊平铺在锅底，用喷壶喷湿玉米糊表面，煎至定型成玉米饼。

3. 用旺火加热，在玉米饼周围淋上少许烧热的植物油成玉米烙，出锅，用厨房用纸中吸净油脂，切成大块即可。

果仁酥

原料　调料

面粉250克，核桃仁、松子仁各50克，瓜子仁、芝麻各30克，鸡蛋黄2个

白糖4大匙，植物油2大匙，苏打粉1小匙

制作

1. 白糖放入大碗中，先加入鸡蛋黄和植物油搅拌均匀，再放入面粉、苏打粉、瓜子仁、松子仁、芝麻、少许核桃仁慢慢搅拌均匀，制成面团。

2. 将面团每15克下1个小面剂，团成圆球，按上1个核桃仁，依次做好成果仁酥生坯。

3. 电饼铛预热，放入果仁酥生坯，盖上盖，用上下火120℃烤约20分钟，取出、装盘，即可上桌食用。

辣炒年糕

原料　调料

年糕300克, 西红柿100克, 洋葱75克, 尖椒50克

大葱15克, 韩式辣酱4小匙, 番茄酱1大匙, 白糖2小匙, 精盐1小匙, 香油少许, 植物油适量

制作

1. 西红柿去蒂, 切成大片; 尖椒去蒂、去籽, 切成小条; 洋葱洗净, 切成小块; 大葱择洗干净, 切成小段; 年糕放入清水锅内焯煮一下, 捞出年糕, 沥净水分。

2. 净锅置火上, 加入植物油烧至六成热, 下入大葱段、洋葱块煸炒出香味。

3. 放入西红柿片、尖椒条稍炒, 加入韩式辣酱、番茄酱、年糕和少许清水炒匀, 然后加入白糖、精盐, 淋上香油, 出锅装盘即可。

鲜虾吐司卷

原料 调料

吐司……………………250克

鲜虾……………………150克

黑芝麻…………………50克

鸡蛋……………………1个

精盐、鸡精………各1小匙

淀粉、炼乳………各1大匙

番茄酱…………………2大匙

植物油…………………适量

制作

1 鸡蛋磕入碗中，加入淀粉搅匀成鸡蛋液；吐司四边去掉；鲜虾去虾头、虾壳和虾线，洗净，剁成虾泥，加入精盐、鸡精、少许鸡蛋液拌匀成虾蓉。

2 把虾蓉涂抹在吐司上，把吐司卷成卷，在吐司的两端蘸上鸡蛋液，再蘸上黑芝麻成鲜虾吐司卷生坯。

3 锅内加入植物油烧热，放入吐司卷生坯炸至金黄色，捞出、装盘，带炼乳、番茄酱一起上桌蘸食即可。

桂花糯米枣

原料　调料

糯米粉…………200克

红枣……………150克

芝麻……………25克

桂花糖、蜂蜜…各1小匙

白糖……………1大匙

精盐……………1/2小匙

水淀粉…………少许

制作

1　糯米粉放在容器内，倒入适量清水和成糯米团；红枣洗净，去掉枣核，留红枣果肉。

2　将糯米团分别塞入红枣中，放入蒸锅内，用旺火蒸约10分钟至熟，取出，码放在盘内。

3　净锅置火上，加入少许清水，放入白糖、精盐、桂花糖、蜂蜜煮至沸，用水淀粉勾芡，转小火熬至浓稠，出锅淋在糯米枣上，撒上芝麻即可。

栗蓉艾窝窝

原料 调料

糯米饭400克，栗子肉125克，山楂糕条、黑芝麻各少许

白糖75克，椰蓉100克，牛奶150克，植物油2大匙

制作

1 将糯米饭放入塑料袋内，加入少许清水揉匀、揉碎；栗子肉放入粉碎机中，加入牛奶，中速搅打成栗子蓉。

2 锅置火上，加入植物油烧热，倒入栗子蓉慢慢搅炒均匀，再加入白糖炒至黏稠状，倒入盘中凉凉。

3 糯米饭分成块，按扁成皮，包入栗子蓉，团成球状，放入椰蓉中滚蘸均匀，摆入盘中，放上山楂糕条和黑芝麻即可。

图书在版编目（CIP）数据

看视频学做菜 / 李光健编著. — 长春：吉林科学
技术出版社，2018.5
ISBN 978-7-5578-3646-7

Ⅰ. ①看… Ⅱ. ①李… Ⅲ. ①菜谱 Ⅳ.
①TS972.12

中国版本图书馆CIP数据核字(2018)第072798号

看视频学做菜

KAN SHIPIN XUE ZUO CAI

编　　著	李光健	
出 版 人	李　梁	
责任编辑	张恩来	
封面设计	长春创意广告图文制作有限责任公司	
制　　版	长春创意广告图文制作有限责任公司	
开　　本	710 mm×1000 mm　1/16	
字　　数	250千字	
印　　张	18	
印　　数	1-6 000册	
版　　次	2018年5月第1版	
印　　次	2018年5月第1次印刷	
出　　版	吉林科学技术出版社	
发　　行	吉林科学技术出版社	
地　　址	长春市人民大街4646号	
邮　　编	130021	

发行部电话/传真　0431-85677817　85635177　85651759
　　　　　　　　　　　　85651628　85600611　85670016
储运部电话　0431-86059116
编辑部电话　0431-85610611
网　　址　www.jlstp.net
印　　刷　长春新华印刷集团有限公司
书　　号　ISBN 978-7-5578-3646-7
定　　价　49.90元
如有印装质量问题可寄出版社调换